CATALOGUE

DES PLANTES

RECUEILLIES

DANS LE DÉPARTEMENT DE LA

LOIRE-INFÉRIEURE.

CATALOGUE
DES PLANTES

RECUEILLIES

DANS LE DÉPARTEMENT DE LA

LOIRE-INFÉRIEURE,

CLASSÉ

SUIVANT LE SYSTÈME DE LINNÉE,

PAR J. B. PESNEAU.

Contentez-vous d'abord d'étaler les objets
Dont le Ciel a pour vous peuplé votre domaine,
Sur qui votre regard chaque jour se promène :
Nés dans vos propres champs, ils vous en plairont mieux.

DELILLE, *l'Homme des Champs*, Chant 3.

NANTES,

FOREST, IMPRIMEUR-LIBRAIRE,

Quai de la Fosse, N° 2.

PARIS,

ISIDORE PESRON, LIBRAIRE, RUE PAVÉE-SAINT-ANDRÉ, N° 13.

—

1837.

AVERTISSEMENT.

Le Prodomus Floræ Nannetensis de
Bonamy, publié en 1782, et suivi d'un
Supplément en 1785, étant le seul ouvrage
que nous ayons à consulter sur les plantes
des environs de Nantes, et les progrès de
la Botanique, depuis cette époque, le ren-
dant insuffisant, nous avons pensé qu'un
nouveau Catalogue pourrait être utile aux
botanistes qui explorent le département
de la Loire-Inférieure.

Ce Catalogue n'étant que l'extrait de
notre Collection générale classée suivant
le système de Linnée, nous avons adopté
cette classification, et pour mettre en
rapport ce système avec la Méthode Naturelle, nous avons soigneusement indiqué
les numéros de la Flore Française. 3.me
édition.

Nous sommes loin de penser que nous ayons trouvé toutes les plantes qui croissent dans ce département : nous ne doutons même pas qu'il n'en reste encore à découvrir, et nous engageons les botanophyles à continuer leurs recherches. Puisse cet extrait être utile à leurs explorations !

Nous devons témoigner notre reconnaissance aux botanistes et aux personnes qui ont bien voulu nous communiquer leurs découvertes.

Nous en devons à M. HECTOT, dont les conseils bienveillants nous ont été très-utiles.

Nous en devons à M. LEBOTERF, très-amateur de botanique, qui nous a communiqué le *Triticum Sepium*, *Utricularia minor*, *Sisymbrium Sophia*, *Sisymbrium murale*, *Althea Hirsuta*.

Nous en devons à M. BORNIGAL, qui nous a communiqué le *Melampyrum Cristatum*, *Cardamine Parviflora*.

Nous en devons également à M. LLOYD,

jeune homme plein de zèle pour la Botanique, qui a découvert et déterminé le *Malaxis Paludosa* dans les marais tourbeux de l'Erdre le 5 Août 1836. Cette plante avait déjà été trouvée en 1800 dans la même localité par M. HECTOT. L'*Ixia Bulbocodium*, a été aussi recueillie par M. LLOYD.

Nous devons la *Lysimachia Nemorum* à M. VAUDOUER, observateur consciencieux, dont nous nous honorons d'être l'ami, et qui, quoique s'occupant spécialement d'Entomologie, ne néglige aucune partie de l'Histoire naturelle.

Nous devons à M. HAUTREUX, médecin à Ancenis, qu'une mort prématurée nous a enlevé, l'*Inula Salicina*, *Seseli glauca*, *Spirea filipendula*, *Orobus albus*.

Il est bien encore des savants estimables qui nous ont fait le plaisir de nous communiquer plusieurs plantes recueillies dans notre département : mais ils sont assez distingués en Botanique pour se passer d'être cités dans cet opuscule.

Nous prions les amateurs de Botanique de croire que notre unique but, en publiant ce Catalogue, n'a été que de leur faciliter la recherche des végétaux qui y sont indiqués.

EXPLICATION DES ABRÉVIATIONS.

F. f., Flore française.

Supp., supplément de la Flore française (6ᵉ volume)

P., page.

T., tome.

MONANDRIE.

1re Classe.

~~~~

MONOGYNIE.

Salicorne, *Salicornia*.

Herbacée, *Herbacea*, f. f. 2276 ; — les marais
salants du Pouliguen.

Ligneuse, *Fruticosa*, f. f. 2277 ; — Porniché.

Pesse , *Hippuris*.

Commune, *Vulgaris*, f. f. 3657 ;— île Videment,
marais de Haute-Goulaine.

MONANDRIE DIGYNIE.

Callitriche , *Callitriche*.

Printanière, *Verna*, f. f. 3655 ; — les fossés
aquatiques.

Automnale, *Autumnalis*, f. f. 3655 ;—les fossés
aquatiques.

Pédonculée, *Pedunculata*, f. f. 3656 ; — sur le
bord des fossés desséchés.

1
~~~~

DIANDRIE.

2ᵉ Classe.

MONOGYNIE.

Troêne, *Ligustrum.*

Commun, *Vulgare*, f. f. 2472 ; — les haies.

Circée, *Circea.*

De Paris, *Lutetiana*, f. f. 3660 ; — les lieux humides.

Véronique, *Véronica.*

De Montagne, *Montana*, f. f. 2387 ; — rare, le bois de la Maillardière, Bouguenais.

Petit Chêne, *Chamœdris*, f. f. 2389 ; — les haies.

Teucriette, *Teucrium*, f. f. 2390 ; — les prés.

A Écusson, *Scutellata*, f. f. 2392 ; — les bords de la rivière d'Erdre.

Mouron, *Anagallis*, f. f. 2393 ; — les fossés aquatiques.

Beccabunga, *Beccabunga*, f. f. 2394 ; — le bord des ruisseaux.

Véronique officinale, *Veronica officinalis*, f. f. 2396 ; — les bois montueux.

A Feuilles de thym, *Acinifolia*, f. f. 2400 ; — les lieux cultivés.

Des Champs, *Arvensis*, f. f. 2404 ; — les champs.

Variété : à beaucoup de Fleurs , *Polyanthos* ,
f. f. 2404 ; — les champs.

Rustique , *Agrestis* , f. f. 2406 ; — les champs.

A Feuilles de lierre , *Hederæfolia* , f. f. 2407 ,
les lieux cultivés.

A Feuilles de Serpolet , *Serpillifolia* , f. f. 2416 ;
— le bord des champs.

Gratiole , *Gratiola.*

Officinale , *Officinalis* , f. f. 2666 ; — bords de
la Loire et de l'Erdre.

Grassette , *Pinguicula.*

De Portugal , *Lusitanica* , f. f. 2621 supp. ; —
la Dennerie, la forêt de Saint-Aignan, les
lieux marécageux.

Utriculaire , *Utricularia.*

Commune , *Vulgaris* , f. f. 2617 ; — les fossés
aquatiques.

Naine , *Minor* , f. f. 2618 ; — rare , les marais
de l'Erdre.

Verveine , *Verbena.*

Officinale , *Officinalis* , f. f. 2474 ; — les lieux
secs.

Lycope , *Lycopus.*

D'Europe , *Europœus* , f. f. 2476 ; — le bord des
fossés aquatiques.

Élevé, *Exaltatus*, f. f. 2477 ; — Machecoul.

Sauge , *Salvia*.

Des Prés, *Pratensis*, f. f. 2481 ; — les coteaux
de Juigné , à Ancenis.

Verveine, *Verbenaca*, f. f. 2488 ; — Paimbœuf,
le Pouliguen , Machecoul.

Sclarée, *Sclarea*, f. f. 2483 ; — rare, Machecoul
près le château.

DIANDRIE DIGYNIE.

Flouve , *Anthoxanthum*.

Odorante , *Odoratum*, f. f. 1473 ; — les prés.

Crypsis , *Crypsis*.

Piquante, *Aculeata*, f. f. 1475 ; — rare, chaussée
de Montoire.

Vulpin , *Alopecuroides*, f. f. supp. 1476 ; — île
de l'Officier, sur le bord de la Loire.

TRIANDRIE.

3ᵉ Classe.

MONOGYNIE.

Valeriane , *Valeriana,*

Officinale , *Officinalis ,* f. f. 3315 ; — les prés humides.

Rouge rubra, LINNÉE, *Centhranthus ruber,* f. f. 3327 ; — murs du château de Nantes.

Mâche , *Valerianella.*

Cultivée , *Olitoria ,* f. f. 3330 ; — les champs , les murs.

Dentée , *Dentata ,* f. f. 3331 ; — parmi les bleds.

Couronnée , *Coronata ,* f. f. 3333 ; — dans les moissons.

Carénée, *Carinata ,* f. f. supp. 3330 ; — dans les moissons.

A Fruits velus, *Eriocarpa ,* f. f. supp. 3331 ; — rare , dans les bleds.

Polycnême , *Polycnemum.*

Des Champs, *Arvense ,* f. f. 2280 ; — Chemeré , Pornic.

Ixie , *Ixia.*

Bulbocode , *Bulbocodium ,* f. f. 2000.

VARIÉTÉ : à petites fleurs, *Parviflora.* — Sᵗ-Nazaire.

*

Iris, *Iris.*

Faux-acore, *Pseudo - acorus,* f. f. 1993 ; — les
marais.

Variété : à petites Fleurs, *Parviflora;* flore de
Maine-et-Loire; supp. page 23 ; — marais
de l'Erdre.

Fétide, *Fetidissima,* f. f. 1994 ; — les bois
taillis, les haies.

Choin , *Schœnus.*

Noirâtre, *Nigricans,* f. f. 1792 ; — S.ᵗ-Père-
en-Retz , Arthon.

Blanc , *Albus,* f. f. 1794 ; — les marais.

Marisque, *Mariscus,* f. f. 1796 ;—marais d'Arthon,
de Montoire.

Souchet , *Cyperus.*

Brun , *Fuscus,* f. f. 1799 ; — les bords de la
Loire.

Jaunâtre , *Flavescens,* f. f 1800 ; — bords de
l'Erdre et de la Loire, île Videment.

Long , *Longus,* f. f. 1801 ; — les bords de la
Loire et de l'Erdre.

Scirpe, *Scirpus.*

Des Marais, *Palustris,* f. f. 1773.

Variété : Rampant, *Reptans.*

Variété : Intermédiaire , *Intermedius ;* — les
marais.

A plusieurs Tiges, *Multicaulis*, f. f. supp. 1777 ;
— les bords de l'Erdre.

Des Lacs, *Lacustris*, f. f. 1778 ; — les bords
de l'Erdre.

Des Rivages, *Littoralis*, f. f. supp. 1778 ; —
Paimbœuf.

Triangulaire, *Triqueter*, f. f. 1779 ; — les bords
de la Loire.

Pointu, *Mucronatus*, f. f. 1780 ; — les bords
de la Loire.

A Feuilles menues, *Tennifolius*, f. f. supp. 1777 ;
— marécage de S.ᵗ-Michel.

Maritime, *Maritimus*, f. f. 1782 ; — le bord
des eaux.

Des bois, *Sylvaticus*, f. f. 1783 ; — les prés
aquatiques.

Épingle, *Acicularis*, f. f. 1784 ; — le bord des
étangs.

Flottant, *Fluitans*, f. f. 1785 ; — les fossés
aquatiques.

Crin, *Setaceus*, f. f. 1786 ; — les marais.

Jonc, *Holoschœnus*, f. f. 1788 ; — fossés de
la prairie de Corsept.

De Michel, *Michelianus*, f. f. 1790 ; — île
Videment.

Linaigrette, *Eriophorum.*

A plusieurs Épis, *Polystachium*, f. f. 1767 ; —
les bords de l'Erdre.

Intermédiaire, *Intermedium*, f. f. supp. 1769 ;
— les bords de l'Erdre.

A Feuilles étroites, *Angustifolium*, f. f. **1768** ;
— marais de l'Erdre.

Nard, *Nardus*.

Serré, *Stricta*, f. f. **1651** ; — les lieux secs,
les landes.

———

TRIANDRIE DIGYNIE.

Phléole, *Phleum*.

Des Prés, *Pratense*, f. f. **1481** ; — les Prés.

Noueuse, *Nodosum*, f. f. **1482** ; — les chemins,
les prés secs.

Polypogon, *Polypogon*.

De Montpellier, *Monspeliense*, f. f. **1480** ; —
sur les rochers de St-Nazaire.

Maritime, *Maritimum*, f. f. supp. **1480** ; —
Machecoul.

Vulpin, *Alopecurus*.

Des Prés, *Pratensis*, f. f. **1476** ; — les prés.

Des Champs, *Agrestis*, f. f. **1477** ; — les champs.

Geniculé, *Geniculatus*, f. f. **1478** ; — les prés
aquatiques.

Bulbeux, *Bulbosus*, f. f. **1479** ; — les prés, à
Paimbœuf.

Phalaris, *Phalaris*.

Des Sables, *Arenaria*, f. f. **1486** ; — Pornic,
Couëron, sur le délestage.

Léersie , *Leersia.*

A Fleurs de Riz , *Oryzoides* , f. f. 1494 ; — la prairie au Duc.

Panic , *Panicum.*

Verticillé , *Verticillatum* , f. f, 1496 ; — les lieux cultivés.

Verd ; *Viride* , f. f. 1497 ; — les champs.

Glauque , *Glaucum* , f. f. 1498 ; — les champs sabloneux.

Pied de Coq , *Crus Galli* , f. f. 1501 ; — les lieux aquatiques.

Chiendent , *Cynodon.*

Ordinaire , *Dactylon* , flore de l'Anjou , page 50.

Paspalum , *Dactylon* , f. f. 1506 ; — les lieux sabloneux.

Digitaire , *Digitaria.*

Fitiforme , *Fitiformis* (*Botanicon Gallicum Duby* , T. 1 , p. 501).

Paspalum Ambiguum , f. f. 1505 ; — les lieux cultivés.

Sanguine , *Sanguinalis* (*Botanicon Gallicum Duby* , T 1 , p. 501).

Paspalum Sanguinale , f. f. 1504 ; — les champs , les jardins.

Agrostis , *Agrostis.*

Maritime , *Maritima* , f. f. 1524 ; — Pornic , le Croisic.

Traçante , *Stolonifera ,* f. f. 1522 ; — commune dans les vignes.

Blanche , *Alba ,* f. f. 1521 ; — les lieux humides , pierre plate.

Vulgaire , *Vulgaris ,* f. f. 1520 ; — les prés ; les champs.

Naine, *Pumila ,* f. f. 1519 ; — les prés , les bois.

Douteuse, *Dubia ,* f. f. 1517 ;—les prés, les bois.

Des Chiens , *Canina ,* f. f. 1513 ; — les prés aquatiques.

Rouge, *Rubra ,* f. f. 1512 ; — les bords de l'Erdre.

Setacée , *Setacea ,* f. f. supp. 1513 ; — les lieux secs , les landes.

Des Vignes , *Vinealis* (flore de Maine-et-Loire, p. 28) ; — les coteaux du pont du Cens.

Jouet des vents, *Spica venti ,* f. f. 1509 ;—parmi les bleds.

Calamagrostis, *Calamagrostis.*

Colorée , *Colorata ,* f. f. supp. 1528 ;—les bords de l'eau.

Terrestre , *Epigeios ,* f. f. supp. 1529 ; — les vignes de la Bouvardière.

Des Sables , *Arenaria ,* f. f. 1525 ; — les dunes de St-Nazaire.

Mil , *Milium.*

Ventru, *Lendigerum ,* Linnée, *Agrostis Lendigera ,* f. f. 1508 ; — les lieux cultivés.

Étalé, *Effusum ,* Linnée, *Agrostis Effusa ,* f. f. 1518 ; — les bois.

Mélique , *Mélica.*

Uniflore , *Uniflora* , f. f. 1538 ; — les bois.

Ciliée , *Ciliata* , f. f. 1541 ; — les coteaux de Mauves.

Danthonie , *Danthonia.*

Inclinée, *Decumbens* , f. f. 1543 ; — les landes.

Avoine , *Avena.*

Follette , *Fatua* , f. f. 1547 ; — dans les bleds.

Jeaunâtre , *Flavescens* , f. f. 1560 ; — les prés secs , Machecoul.

Fragile, *Fragilis,* f. f. 1556 ;—les prés, Bourgeuf.

Élevée , *Elatior* , f. f. 1562 ; — sur le bord des champs.

Canche , *Aira.*

En Gazon , *Cespitosa* , f. f. 1566 ; — les prés, les bois.

Flexueuse , *Flexuosa* , f. f. 1567 ; — forêt de S.ᵗ-Aignan , bords du lac de Grand-Lieu.

Cario Phyllée , *Cario Phyllea* , f. f. 1568 ; — le bord des champs.

Blanchâtre , *Canescens* , f. f. 1569 ; — les lieux sabloneux.

Précoce , *Precox* , f. f. 1570 ; — les coteaux.

Airopsis, *Airopsis.*

Agrostis, *Agrostidea,* f. f. supp. 1570 ;—commune sur les bords de l'Erdre.

Roseau , *Arundo.*

Commun , *Phragmites* , f. f. 1571 ; — le bord
des eaux.

Fétuque , *Festuca.*

Bleue , *Cœrulea* , f. f. 1573 ; — les taillis , les
fossés.

Élevée , *Elatior* , f. f. 1579 ; — rare , Paimbœuf.

Roseau , *Arundinacea* , f. f. 1580 ; — rare , les
prises à Machecoul.

Sans arrêtes , *inermis* , f. f. 1581 ; — les prés.

Des Brebis , *Ovina* , f. f. 1582 ; — les lieux secs.

A Feuilles menues , *Tenuifolia* , f. f. supp. 1582;
— les lieux secs.

Rouge , *Rubra* , f. f. 1583 ; — les lieux stériles.

Dure, *Duriuscula*, f. f. 1584 ;—Arthon , Chémeré.

Cendrée , *Cinerea* , f. f. 1585 ; — Ancenis , sur
les coteaux.

Glauque, *Glauca*, f. f. 1586 ;— Ancenis, coteaux
de Juigné.

Variété : à Feuilles longues, *Longifolia ;* — sur
le mur de l'église de S.ᵗ-Nazaire.

Hétérophylle , *Heterophilla* , f. f. 1587 ; — les
bois.

Queue de rat , *Myurus* , f. f. 1594 ; — sur les
murs.

Cilicé , *Ciliata* , f. f. 1595 ; — Pornic , près le
château.

Brome , *Bromoides* , f. f. 1596 ; — les champs
sabloneux.

Univalve , *Uniglumis ,* f. f. 1597 ; — commune sur le sable à S.ᵗ-Nazaire.

Brome , *Bromus.*

Seigle , *Secaliaus ,* f. f. 1628 ; — dans les bleds.

Mollet , *Mollis ,* f. f. 1630 ; — les champs.

En Grappes , *Racemosus,* f. f. supp. 1630; — les prés.

Multiflore , *Multiflorus ,* f. f. 1631 ; — les lieux cultivés.

Droit , *Erectus ,* f. f. 1633 ; — rare , Machecoul.

Des champs, *arvensis*, f. f. 1634; — les prés , les champs.

Rude, *Asper,* f. f. 1636 ; — les bois.

Sterile , *Sterilis ,* f. f. 1638 ; — les murs , les lieux incultes.

Des Toits , *Tectorum ,* f. f. 1639 ; — les murs.

De Madrid , *Madritensis ,* f f. 1640 ; — les murs.

Rougissant , *Rubens ,* f. f. 1641 ; — les lieux secs , les murs.

A Épillets nombreux , *Polystachius ,* f. f. supp. 1639 ; — Machecoul.

Paturin , *Poa.*

A Manchettes , *Pilosa ,* f. f. supp. 1599 ; — les bords de la Loire.

Maritime , *Maritima ,* f. f. 1601 ; — Pornic , Paimbœuf.

Écarté , *Distans ,* f .f. 1402 ; — Paimbœuf.

Couché, *Procumbens*, f. f. supp. 1623 ; — Paimbœuf.

Aquatique, *Aquatica*, f. f. 1603 ; — les fossés aquatiques.

Annuel, *Annua*, f. f. 1604 ; — les prés, les chemins.

Rude, *Scabra*, f. f. 1607 ; — les prés.

Des Marais, *Palustris*, f. f. 1608 ; — rare, les prés.

A Feuilles étroites, *Augustifolia*, f. f. 1610 ;— les prés.

Des Prés, *Pratensis*, f. f. 1609 ; — les prés.

Glauque, *Glauca*, f. f. supp. 1611 ;—les buissons.

Des Bois, *Nemoralis*, f. f. 1611 ; — les lieux ombragés.

Comprimé, *Compressa*, f. f. 1612 ; — les lieux secs.

Bulbeux, *Bulbosa*, f. f. 1613.

B. Vivipare, *Vivipara* ; — les lieux secs, les murs.

A courtes Feuilles, *Brevifolia*, f. f. supp. 1614 ; — Grillaud, Bouguenais.

Roide, *Rigida*, f. f. 1623 ; — mur de la rue Moquechien, à Nantes.

Glycerie, *Glyceria*.

Flottante, *Fluitans* (flore de l'Anjou, p. 57), *Poa fluitans*, f. f. 1600 ;—les marais.

Aquatique, *Aquatica* (flore de l'Anjou, p. 57), *Poa airoides*, f. f. 1620 ; — les mares.

Keulerie , *Koeleria.*

En Crête, *Cristata,* f. f. supp. 1597 ; —Ancenis ,
S.ᵗ-Nazaire.

Brize , *Briza.*

Vulgaire , *Media ,* f. f. 1626 ; — les prés.
Verdâtre , *Virens ,* f. f. 1627 ; — les prés.

Dactyle , *Dactylis.*

Pelotonné, *Glomerata,* f. f. 1642 ; — les prés ,
les chemins.

Trachynote , *Trachinotia.*

Roide , *Stricta ,* f. f. 1643 ; — chaussée de
Bourgneuf.

Cynosure , *Cynosurus.*

A Crêtes , *Cristatus,* f. f. 1645 ; — les prés , les
chemins.

Chamagrostis , *Chamagrostis.*

Exigue , *Minima ,* f. f. 1650 ; — les champs
cultivés.

Froment , *Triticum.*

Des Haies , *Sepium ,* f. f. 1660 ; — la garenne
de Clisson.

Rampant, *Repens ,* f. f. 1661 ; — les champs.

Glauque , *Glaucum ,* f. f. 1661 supp. ; — les
champs.

Piquant, *Pungens*, f. f. 1662 supp. ;—les champs, les haies.

Pointu, *Acutum*, f. f. supp. 1662 ;—le Pouliguen.

A Feuilles de Jonc, *Junceum*, f. f. 1662 ; — St-Nazaire.

Penné, *Pinnatum*, f. f. 1663 ; — les bois.

Grêle, *Gracile*, f. f. 1664 ; — les taillis.

Des Bois, *Sylvaticum*, f. f. 1665 ; — les lieux couverts.

Faux Paturin, *Poa*, f. f. 1668 ; — les lieux incultes.

Délicat, *Tenniculum*, f. f. supp. 1671 ;—bords de l'Erdre, sur le rocher de Bellevue.

Fausse Rotbolle, *Rotbolla*, f. f. 1669 ; — sur les murs à Pornic, à St-Nazaire.

Faux - Nard, *Nardus*, f. f. 1671 ; — sur les murs, à Machecoul.

Yvraie, *Lolium*.

Vivace, *Perenne*, f. f. 1674.

Crétée, *Cristatum* ;—les prés, les chemins.

Menue, *Tenue*, f. f. 1675 ; — les champs.

Multiflore, *Multiflorum*, f. f. 1677 ;—les champs.

Enivrante, *Temulentum*, f. f. 1676 ; — parmi les bleds.

Orge, *Hordeum*.

Queue de Souris, *Murinum*, f. f. 1684 ; — les chemins.

Faux Seigle, *Secalinum*, f. f. 1685 ; — les prés secs.

Maritime, *Maritimum*, f. f. 1686 ; — Paimbœuf.

TRIANDRIE TRIGYNIE.

Montie, *Montia*.

Des Fontaines, *Fontana*, f. f. 3638 ; — les lieux humides.

Polycarpe, *Polycarpon*.

Quaterné, *Tetraphyllum*, f. f. 4377 ; — les lieux secs, les haies.

Tillée, *Tillea*.

Mousseuse, *Muscosa*, f. f. 3603 ; — les allées des bois.

TETRANDRIE.

4ᵉ Classe.

MONOGYNIE.

Cardère, *Dipsacus*.

Sauvage, *Sylvestris*, f. f. 3292 ; — les champs.

Scabieuse, *Scabiosa*

Succise, *Succisa*, f. f. 3300 ;—les prés, les bois.

2*

Des Champs, *Arvensis*, f. f. 3301 ;——Machecoul,
Arthon , Cambon.

Colombaire, *Columbaria*, f. f. 3305 ;——Machecoul,
Oudon.

Shérarde, *Sherardia.*

Des Champs, *Arvensis*, f. f. 3336 ; —— les champs
cultivés.

Aspérule , *Asperula.*

Odorante , *Odorata* , f. f. 3340 ; —— forêt de la
Bretêche.

Des Teinturiers, *Tinctoria*, f. f. 3342 ; —— Machecoul , Arthon.

A l'Esquinancie , *Cynanchica* , f. f. 3343 ; ——
Arthon , St-Breven, le Pouliguen.

Gaillet , *Galium.*

Des Marais , *Palustre* , f. f. 3360 ; —— le bord
des fossés.

Fangeux, *Uliginosum* , f. f. 3371 ; ——Tourbière
de Grillaud.

Mollugine , *Mollugo* , f. f. 3361 ; —— les haies.

Débile , *Débile* (flore de l'Anjou, page 236) ;——
prairie de Mauves.

Jaune , *Verum* , f. f. 3349 ; —— les prés.

Du Hartz , *Harcinicum* , f. f. 3376; ——coteaux
du pont du Cens.

Des Sables , *Arenarium* , f. f. supp. 3350 ; ——
St-Nazaire.

D'Angleterre, *Anglicum*, f. f. 3369 ; — Mouzeil ,
  Arthon, les mines de Languin.

Divariqué, *Divaricatum*, f. f. 3370 ; — rare ,
  sur un rocher à Ancenis .

Gratteron, *Apparine*, f. f. 3380 ; — les champs ,
  les haies.

Garance, *Rubia*.

Voyageuse , *Peregrina*, f. f. 3389 ; — les haies.

Luisante , *Lucida*, f. f. 3390 ; — les haies.

Exacum, *Exacum*.

Filiforme, *Filiforme*, f. f. 2784 ; — les bords
    de l'Erdre.

Decandolle, *Candolii*, f. f. supp. 2785 ; — les
  lieux humides.

Plantain , *Plantago*.

A grandes Feuilles, *Major*, f. f. 2296 ; — les
    pelouses.

Lancéolé, *Lanceolata*, f. f. 2299 ; — les prés
    secs.

Maritime , *Maritima*, f. f. 2306 ; — Paimbœuf.

Gramen , *Graminea*, f. f. 2307 ; — Paimbœuf.

Subulé , *Subulata*, f. f. 2312 ; — St-Herblon.

Corne de cerf, *Coronopus*, f. f. 2316 ; — les
    lieux secs.

Des Sables, *Arenaria*, f. f. 2315 ; — les lieux
    sabloneux, les bords de la Loire.

Centenille, *Centunculus.*

Naine, *Minimus*, f. f. 2338 ; — la lande de Beautour, S.ᵗ-Nazaire.

Sanguisorbe, *Sanguisorba.*

Officinale, *Officinalis*, f. f. 3721 ; — au bas de Chantenay, sur le bord de la Loire.

Cornouiller, *Cornus.*

Sanguin, *Sanguinea*, f. f. 3408 ; — les haies.

Isnarde, *Isnardia.*

Des Marais, *Palustris*, f. f. 3663; — les marais.

Macre, *Trapa.*

Flottante, *Natans*, f. f. 3662 ; — les marais de l'Erdre, le lac de Grand-Lieu.

Alchimille, *Alchemilla.*

Des Champs, *Arvensis*, f. f. 3727 ; — les champs.

———

TETRANDRIE DIGYNIE.

Cuscute, *Cuscuta.*

A petites fleurs, *Minor*, f. f. 2755 ; — sur le genêt, la bruyère, l'ajonc.

TETRANDRIE TETRAGYNIE.

Houx , *Ilex*.

Commun , *Aquifolium ,* f. f. 4071 ; — les haies ,
les bois.

Potamot , *Potamogeton.*

Nageant, *Natans ,* f. f. 1871 ; — les étangs , les
fossés.

Flottant , *Fluitans ,* f. f. 1872 ; — les ruisseaux.

Intermédiaire , *Héterophyllum ,* f. f. 1873 ; — le
lac de Grand-Lieu.

Luisant , *Lucens ,* f. f. 1875 ; — l'Erdre.

Embrassant, *Perfoliatum ,* f. f. 1876 ; — la Loire ,
la Sèvre.

Serré , *Densum ,* f. f. 1877 ; — les ruisseaux ,
les rivières.

Crispé , *Crispum ,* f. f. 1878 ; — les fossés , les
ruisseaux.

A Feuilles opposées, *Oppositifolium ,* f. f. 1879 ;
— les eaux stagnantes.

Comprimé , *Compressum ,* f. f. 1880 ; —les marais,
les fossés.

Fluet, *Pusillum ,* f. f. 1883 ; — les étangs de
Thouaré.

Marin , *Marinum ,* f. f. 1882 ; — la Loire.

Pectiné, *Pectinatum ,* f. f. 1881 ; — la Loire ,
côte S.ᵗ-Sébastien.

Sagine, *Sagina.*

Couchée, *Procumbens,* f. f. 4380 ; — les murs.

Sans Pétales, *Apetala*, f. f. 4381 ; — les lieux secs, les murs.

Droite, *Erecta*, f. f. 4382 : — les prés secs.

Ruppie, *Ruppia.*

Maritime, *Maritima*, f. f. 1870 ; — les fossés, Paimbœuf, le Pouliguen.

PENTANDRIE.

5e Classe.

~~~

MONOGYNIE.

Héliotrope, *Heliotropium.*

Européen, *Europæum*, f. f. 2705 ; — les champs, Paimbœuf, S.t-Nazaire.

Myosote, *Myosotis.*

Annuel, *Annua*, f. f. 2724 ; — les champs, les murs.

Vivace, *Perennis*, f. f. 2725 ; — les fossés aquatiques.

Gremil, *Lithospermum.*

Officinale, *Officinale*, f. f. 2712 ; — les cléons, Machecoul.
~~~

Des Champs, *Arvense*, f. f. 2713 ; — les champs,
les bleds.

Buglose, *Anchusa.*

D'Italie, *Italica*, f. f. 2729 ; — les champs
cultivés à Machecoul.

A Feuilles étroites, *Augustifolia*, f f. 2730 ;—
délestage à Couëron.

Toujours verte, *Sempervirens*, f. f. 2733 ; — au
four au diable, au bois de Launay.

Cynoglose, *Cynoglossum.*

Officinale, *Officinale*, f. f. 2736 ; — le Loroux,
le Pellerin, Couëron.

Pulmonaire, *Pulmonaria.*

A Feuilles étroites, *Augustifolia*, f. f. 2720 ;
— les bois.

Consoude, *Symphytum.*

Officinale, *Officinale*, f. f. 2722 ; — les prés
aquatiques.

Bourrache, *Borago.*

Officinale, *Officinalis*, f. f. 2743 ; — les lieux
cultivés.

Lycopside, *Lycopsis.*

Des Champs, *Arvensis*, f. f. 2734;—les champs,
les chemins.

Viperine , *Echium.*

Commune , *Vulgare* , f. f. 2707 ; — les lieux
secs , les vieux murs.

Primevère , *Primula.*

A grandes fleurs , *Grandiflora* , f. f. 2365 ; —
les bois , les prés.
Officinale , *Officinalis* , f. f. 2367 ; — la Maro-
nière , les Cléons , les Dervalières.

Menyanthe , *Menyanthes.*

Trèfle d'eau , *Trifoliata* , f. f. 2757 ; — passage
du Tertre , rivière d'Erdre.

Villarsie , *Villarsia.*

Faux Nénuphar , *Nymphoides* , f. f. 2758 ; —
les étangs , les rivières.

Hottone , *Hottonia.*

Des Marais , *Palustris* , f. f. 2350 ; — les fossés,
les étangs.

Lysimaque , *Lysimachia.*

Commune , *Vulgaris* , f. f. 2344 ; — le bord des
ruisseaux.
Nummulaire , *Nummularia* , f. f. 2347 ; — les
lieux humides.
Des Bois , *Nemorum* , f. f. 2348 ; — rare ,
Orvault.

Mouron , *Anagallis.*

Des Champs, *Arvensis*, LINNÉE, *Cœrulea* et *Pheni-cea* , f. f. 2339 , 2340 ; — les champs cultivés.

Délicat, *Tenella*, f. f. 2342 ; — les lieux maré-cageux.

Liseron , *Convolvulus.*

Des Haies , *Sepium* , f. f. 2744 ; — les haies.

Des Champs , *Arvensis* , f. f. 2745 ; — les lieux cultivés.

Soldanelle , *Soldanella* , f. f. 2748 ; — sur le sable à S.ᵗ-Nazaire.

Campanule , *Campanula.*

A Feuilles de Lierre, *Hederacea* , f. f. 2831 ; — les lieux humides.

Étalée , *Patula* , f. f. 2836 ; — rare , les coteaux de Bouguenais.

Raiponce, *Rapunculus* , f. f. 2837 ; — les champs, les bois.

Gantelée , *Trachelium* , f. f. 2844 ; — les bois , les haies.

Agglomérée , *Glomerata* , f. f. 2845 ; — prairie de Mauves.

Prismatocarpe, *Prismatocarpus.*

Miroir de Vénus, *Speculum* , f. f. 2856 ; — parmi les moissons.

Bâtard , *Hybridus* , f. f. 2857 ; —— dans les bleds,
aux Cléons , à Machecoul.

Jasione , *Jasione.*

De Montagne , *Montana* , f. f. 2872 : —— les
collines sèches.

Raiponce , *Phyteuma.*

En Épis , *Spicata* , f. f. 2867 ; —— les lieux
couverts , commune à la forêt du Gavre.

Lobelie , *Lobelia.*

Brûlante , *Urens* , f. f. 2870 ; —— les bois.

Violette , *Viola.*

Hérissée , *Hirta* , f. f. 4455 ; —— taillis du Portereau . les Dervallières.

Odorante , *Odorata* , f. f. 4456 ; —— les haïes,
les bois.

De Chien , *Canina* , f. f. 4464 ; —— les haies.

Fer de lance , *Lancifolia* , f. f. 4465 ; —— dans
un pré sabloneux sur le bord de la Loire près
Chantenay.

Des Champs , *Arvensis* , f. f. 4469 ; —— les lieux
cultivés.

De Rouen , *Rothomagensis* , f. f. 4470 ; —— délestage à Couëron.

Samole , *Samolus.*

De Valerandus, *Valerandi* , f. f. 2381 ; —— lieux
aquatiques , Machecoul, Chemeré.

Chevrefeuille, *Lonicera*.

Périclimène, *Periclimenum*, f. f. 3393 ; — les
haies, les bois.

Molène, *Verbascum*.

Bouillon-Blanc, *Thapsus*, f. f. 2668 ; — les lieux
secs.

En forme de Thapsus, *Thapsiforme*, f. f. supp.
2668 ; — Orvault.

Faux Bouillon-Blanc, *Thapsoides*, f. f. 2669 ; —
Montoire.

A Feuilles épaisses, *Crassifolium*, f. f. 2670 ; —
rare, Arthon.

Phlomide, *Phlomoides*, f. f. 2671 ; — les lieux
incultes.

Poudreuse, *Pulverulentum*, f. f. 2673 ;— champs
sabloneux de St-Nazaire.

Noir, *Nigrum*, f. f. 2675 ; — Machecoul.

Blattaire, *Blattaria*, f. f. 2678 ; — les lieux
secs.

Fausse Blattaire, *Blattarioides*, f. f. 2679 ; —
les lieux arides, Machecoul

Datura, *Datura*.

Stramoine, *Stramonium*, f. f. 2688 ; — Chantenay, Indret, Couëron.

Jusquiame, *Hyosciamus*.

Noir, *Niger*, f. f. 2683 ; — commune à Savenay.

Morelle, *Solanum.*

Douce amère , *Dulcamara ,* f. f. 2692 ; — les haies.

Noire, *Nigrum ,* f. f. 2693 ; — les lieux cultivés.

Velue , *Villosum ,* f. f. 2694 ; — les champs cultivés.

Chironie , *Chironia.*

Centaurée , *Centaurium ,* f. f. 2780; — le bord des bois.

Élégante , *Pulchella ,* f. f. 2781 ; — les bois , les prés humides.

Maritime , *Maritima ,* f. f. 2782 ; — Pornic , sur les rochers.

Nerprun , *Rhamnus.*

Purgatif , *Catharticus ,* f. f. 4072 ; — Oudon , la Moutonerie , les haies de la prairie de la Morinière.

Bourdaine , *Frangula ,* f. f. 4077 ; — les bois taillis.

Fusain , *Evonymus.*

Commun , *Europæus ,* f. f. 4069 ; — les haies.

Groseillier , *Ribes.*

Piquant , *Uva crispa ,* f. f. 3646 ; — les haies.

Lierre , *Hedera.*

Grimpant , *Helix ,* f. f. 3409 — les arbres , les murs.

Vigne , *Vitis*.

A Vin, *Vinifera*, f. f. 4566 ; taillis de Talva,
à Machecoul.

Illecèbre , *Illecœbrum*.

Verticillé, *Verticillatum*, LINNÉE, Paronychia,
f. f. 2286 ; — les champs humides.

Glaux , *Glaux*.

Maritime, *Maritima*, f. f. 3650 ; — Paimbœuf,
Donges.

Thesion , *Thesium*.

Couché, *Humifusum*, f. f. supp. 2185 ; — Machecoul , Chemeré , Pornic.

Pervenche , *Vinca*.

Couchée , *Minor*, f. f. 2786 ; — taillis de Barbe-
Bleue , Grillaud.

A grandes Fleurs , *Major*, f. f. 2787 ; — commune à Cordemais.

———————

PENTANDRIE DIGYNIE.

Asclépiade , *Asclepias*.

Dompte - venin, *Vincetoxicum* , f. f. 2790 ; —
Ancenis , bords de la mer à St-Michel.

Herniaire , *Herniaria*.

Glabre , *Glabra* , f. f. 2292 ; — les champs
sabloneux.

3*

Velue , *Hirsuta* , f. f. 2293 ; — les lieux secs.

Anserine , *Chenopodium.*

Bon-Henri , *Bonus-Henricus* , f. f. 2255 ; — village des Couëts.

Des Villages , *Urbicum* , f. f. 2256 ; — Sucé , près l'église.

Rouge , *Rubrum* , f. f. 2257 ; — les décombres.

Des Murs , *Murale* , f. f. 2258 ; — les lieux incultes , le long des murs.

A Feuilles d'obier, *Opulifolium* , f. f. supp. 2258 ; île Videment.

A Graines lisses , *Leiospermum* , f. f. 2259 ; — les lieux cultivés.

A Feuilles de Figuier , *Ficifolium* , f. f. 2260 ; champs cultivés.

Hybride, *Hybridum* , f. f. 2261 ; — les champs.

Glauque , *Glaucum* , f. f. 2264 ; — les lieux cultivés.

Fétide , *Vulvaria* , f. f. 2265 ; — le long des murs.

Polysperme , *Polyspermum* , f. f. 2266 ; — les lieux cultivés.

Maritime , *Maritimum* , f. f. 2268 ; — Bourg-neuf, le Pouliguen.

Ligneux , *Fruticosum* , f. f. 2269 ; — Bourg-neuf, Pornic.

Bette , *Beta.*

Maritime , *Maritima* , f. f. 2240 ; — Paimbœuf, Bourgneuf , S.ᵗ-Nazaire.

Soude , *Salsola.*

Vulgaire , *Soda* , f. f. 2273 ; — Bourgneuf ,
Pornic.

Épineuse , *Tragus* , f. f. 2274 ; — S.ᵗ-Nazaire.
Kali , *Kali* , f. f. 2275 ; — S.-Nazaire.

Orme , *Ulmus.*

Des Champs , *Campestris* , f. f. 2126 ; — les
haies , les bois.

A Fleurs éparses , *Effusa* , f. f. 2127 ; — bois
de l'Ébaupin.

Gentiane , *Gentiana.*

Pneumonanthe , *Pneumonanthe* , f. f. 2769 ; —
les landes aquatiques.

Panicant , *Eryngium.*

Maritime , *Maritimum* , f. f. 3551 ; — Saint-
Nazaire , le Pouliguen.

Des Champs , *Campestre* , f. f. 3552 ; — les
pelouses sèches.

Hydrocotyle , *Hydrocotyle.*

Commune , *Vulgaris* , f. f. 3557 ; — les marais.

Sanicle , *Sanicula.*

D'Europe , *Europea* , f. f. 3550 ; — les bois.

Buplèvre , *Buplevrum.*

Odontalgique, *Odontiles*, f. f. 3541 ; — Arthon ,
près les moulins.

Menu, *Tenuissimum*, f. f. 3543 ; — Couffé, Ancenis, Montoire, Bourgneuf, S.ᵗ-Michel.

Tordyle, *Tordylum*.

Élevé, *Maximum*, f. f 3516 ; — les haies.

Cancalide, *Cancalis*.

Des Champs, *Arvensis*, f. f. 3510 ;—les champs, les chemins.

Anthrisque, *Anthriscus*, f. f. 3511 ; — les haies, les lieux incultes.

Nodiflore, *Nodiflora*, f. f. 3512 ; — les lieux secs, le long des murs.

Cerfeuil, *Scandicina*, f. f. 3513 ; — les lieux secs, Couëron, Cordemais.

Carotte, *Daucus*.

Commune, *Carotta*, f. f. 3500 ; — les prés, les champs.

Ammi, *Ammi*.

A larges Feuilles, *Majus*, f. f. 3497 ; — les champs cultivés.

A Feuilles glauques, *Glaucifolium*, f. f. 3498 ; les champs.

Bunium, *Bunium*.

Noix de terre, *Bulbocastanum*, f. f. 3495 ;— les champs, les bois.

Conium , *Conium*.

Ciguë, *Maculatum ;* Linnée, Cicuta major , f. f. 3494 ; — les haies , les décombres.

Selin , *Selinum*.

Des Marais , *Palustre* , f. f. 3487 ; — les marais de l'Erdre.

Peucédane , *Peucedanum*.

Officinale , *Officinale* , f. f. 3518 ; — Montoire , le Pouliguen.

Silaus , *Silaus* , f. f. 3519 ; — les prés humides.

Crithme , *Crithmum*.

Maritime , *Maritimum* , f. f. 3480 ; — sur les rochers à S.ᵗ-Nazaire.

Berce , *Heracleum*.

Branc-Ursine , *Sphondylium* , f. f. 3476 ; — les prés.

Angélique , *Angelica*.

Sauvage , *Sylvestris ;* Linnée, Imperatoria Sylvestris , f. f. 3422 ; — les prés aquatiques.

Berle , *Sium*.

A larges Feuilles , *Latifolium* , f. f. 3446 ; — le bord des eaux.

Nodiflore, *Nodiflorum* , f. f. 3448 ; — les fossés , les ruisseaux.

Verticillée , *Verticillatum* , f. f. 3452 ; — les
   prés aquatiques.

Rampante , *Repens* , f. f. 3449 ; — les marais ,
   pont de Caillero.

Inondée , *Inundatum* , f. f. 3454 ; — les mares ,
   les ruisseaux.

Amome , *Amomum* , f. f. 3456 ; — le long des
   haies.

Des Bleds , *Segetum* , f. f. 3455 ; — à Copchou ,
   près Mouzeil.

OEnanthe , *OEnanthe.*

Fistulense , *Fistulosa* , f. f. 3440 ; — les prés
   marécageux.

Peucédane , *Peucedanifolia* , f. f. 3442 ; — les
   prés aquatiques.

Pimprenelle , *Pimpinelloides* , f. f 3443 ; —
   commune sur la prairie de Mauves.

A suc jaunâtre , *Crocata* , f. f. 3444 ; — le bord
   des ruisseaux.

Phellandre , *Phellandrium.*

Aquatique , *Aquaticum;* LINNÉE, Ænanthe Phel-
   landrium , f. f. 3439 ; — les marais.

Ciguë , *Cicuta.*

Vénéneuse , *Virosa ;* LINNÉE, Cicutaria aquatica ,
   f. f. 3438 ; — les marais de l'Erdre.

Æthuse , *AEthusa.*

Ache de chien , *Cynapium* , f. f. 3436; — les
   champs.

Scandix , *Scandix*.

Peigne de Vénus , *Pecten Veneris* , f. f. 3432 ;
— les champs cultivés.

Cerfeuil , *Chœrophyllum*.

Sauvage , *Sylvestre* , f. f. 3425 ; — les haies.
Penché , *Temulum* , f. f. 3431 ; — les buissons.

Panais , *Pastinaca*.

Cultivé , *Sativa* , f. f. 3525 ; — Buzay , île
Videment.

Maceron , *Smyrnium*.

Commun, *Olusastrum* , f. f. 3524 ; — Vertou ,
le pont S.ᵗ-Martin , Donges.

Aneth , *Anethum*.

Fenouil , *Feniculum* , f. f. 3523 ; — les lieux
secs , Carcouët , la Bouvardière.

Séséli , *Seseli*.

Glauque , *Glaucum* , f. f 3417 ; — coteaux de
Juigné à Ancenis.

Boucage , *Pimpinella*.

Saxifrage , *Saxifraga* , f. f. 3411 ; — les prés
secs , la prairie au Duc.
A grandes Feuilles , *Magna* , f. f. 3412 ; — les
prés humides , les bords de l'Erdre.

Ache , *Apium.*

Persil , *Petroselinum ,* f. f. 3521 ; — les murs du château de Nantes.

Odorante , *Graveolens ,* f. f. 3522 ; — sur les rochers à St-Nazaire.

PENTANDRIE TRIGYNIE.

Viorne , *Viburnum.*

Mancienne , *Lantana ,* f. f. 3402 ; — les haies, les bois , Oudon , Ligné.

Obier , *Opulus ,* f. f. 3403 ; — les marais de l'Erdre , Couffé.

Sureau , *Sambucus.*

Yèble , *Ebulus ,* f. f. 3404 ; — prairie de la Sausinière , chaussée de Vue.

Noir , *Nigra ,* f. f. 3405 ; — les haies.

Tamarix , *Tamarix.*

De France , *Gallica ,* f. f. 3633 ; — Bourgneuf , Pornic , St-Nazaire.

Corrigiole , *Corrigiola.*

Des Rives , *Littoralis ,* f. f. 3636 ; — les lieux sabloneux et humides.

Alsine , *Alsine.*

Intermédiaire , *Media ,* f, f. 4383 ; — les jardins , les haies.

PENTANDRIE PENTAGYNIE.

Statice, *Statice.*

Armeria, *Armeria*, f. f. 2318 ; — Pornic, Saint-Nazaire.

A Feuilles de Plantain, *Plantaginea*, f. f. 2319 ; — les lieux secs , Machecoul, S.ᵗ-Michel.

Limonium, *Limonium*, f. f. 2321 ;— Bourgneuf, Pornic.

Hybride, *Hybrida* (Flora gallica, T. I, p. 224); — Bourgneuf.

A Feuilles de Paquerette, *Bellidifolia*, f. f. 2323 ; Bourgneuf, Pornic.

Lin , *Linum.*

De France , *Gallicum*, f. f. 4442 ; — vignes de la Maillardière, Ancenis , le Palet.

A Feuilles étroites , *Augustifolium*, f. f. 4449 ; — les côteaux , la Bouvardière.

Purgatif , *Catharticum*, f. f. 4452 ; — les prés, les bois.

Radiola , *Radiola*, f. f. 4453 ; — les lieux humides ombragés, les bords de l'Erdre.

Rossolis , *Drosera.*

A Feuilles rondes , *Rotundifolia*, f. f. 4291 ; — les marais de l'Erdre.

A longues Feuilles , *Longifolia*, f. f. 4292 ;— les marais de l'Erdre.

Crassule, *Crassula.*

Rougeâtre , *Rubens ,* f. f. 3604 ; — les vignes , les chemins.

D'Angers , *Andegavensis ,* f. f. supp. 3604 ; — à Ancenis , sur un rocher schisteux.

PENTANDRIE POLYGYNIE.

Ratoncule , *Myosurus.*

Naine , *Minimus ,* f. f. 4660 ; — parmi les bleds à Paimbœuf.

HEXANDRIE.

6ᵉ Classe.

MONOGYNIE.

Galantine , *Galanthus.*

Perce-neige , *Nivalis ,* f. f. 1987 ; — à Balisé , sur les bords de la Loire; la Patissière , près S.ᵗ-Herblain.

Narcisse , *Narcissus.*

Faux-Narcisse, *Pseudonarcissus ,* f. f. 1980 ; — les prés , les bois , les Ésongères , Orvault.

Pancrace , *Pencratium.*

Maritime , *Maritimum ,* f. f. 1978 ; — sur les dunes , entre Pornichet et le Pouliguen.

Ail , *Allium*.

En carène, *Carinatum* , f. f. 1954 ; — au port Launay.

Des Ours , *Ursinum* , f. f. 1966 ; — les taillis du pont du Cens.

Des lieux cultivés, *Oleraceum* , f. f. 1968 ; — les lieux cultivés.

Intermédiaire, *Intermedium* , f. f. supp. 1971 ; — les vignes.

A Tête ronde, *Spherocephalum* , f. f. 1975 ; — S.ᵗ-Breven , S.ᵗ-Michel.

Des Vignes, *Vineale* , f. f. 1976 ; — les champs , les vignes.

Fritillaire , *Fritillaria*.

Pintade , *Meleagris* , f. f. 1907 ; — les prairies de Mauves et de la Basse-Indre.

Tulipe , *Tulipa*.

Sauvage, *Sylvestris* , f. f. 1903 ; — Monnières , la prairie de Corsept.

Ornithogale , *Ornithogalum*.

Des Pyrénées , *Pyrenaicum* , f. f. 1945 ; — la Morinière , les bords de l'Erdre, la forêt de S.ᵗ-Aignan.

En Ombelle , *Umbellatum* , f. f. 1948 ;—Aigre-feuille , les champs cultivés du Mont-Saint-Bernard.

Scille , *Scilla.*

Penchée , *Nutans ,* f. f. 1933 ; — les prés , les
bois.

D'Automne, *Antumnalis ,* f. f. 1935 ; — le bois
de Launay , la garenne de Couëron.

Asphodèle , *Asphodelus.*

Blanc , *Albus ,* f. f. 1918 ; — commune sur les
côteaux.

Phalangère , *Phalangium.*

Bicolor , *Bicolor ,* f. f. 1929 ; — commune à la
forêt de S.ᵗ-Aignan.

Abama , *Abama.*

Des Marais, *Ossifraga ,* f. f. 1852 ; — marécage
de la forêt de S.ᵗ-Aignan , S ᵗ-Gildas.

Asperge , *Asparagus.*

Officinale , Variété maritime , *Officinalis maritimus ,* f. f. 1853 ; — Bourgneuf.

Muguet , *Convallaria.*

Anguleux, *Polygonatum ,* f. f. 1859 ; — rare ,
les bois.

Multiflore, *Multiflora ,* f. f. 1861 ; — commune,
les bois.

De Mai, *Mayalis ,* f. f. 1862 ; — forêts du Gâvre
et de Saffré.

Muscari, *Muscari.*

A Grappes, *Racemosum ,* f. f. 1926 ; — rare ,
les vignes de Carcouët.

A Toupet, *Comosum ,* f. f. 1928 ; — les champs ,
commune au Pouliguen.

Jonc , *Juncus.*

Maritime, *Maritimus ,* f. f. 1830 ; — Paimbœuf ,
St-Nazaire.

Aggloméré , *Conglomeratus ,* f. f. 1832 ; — les
fossés , les marais.

Épars , *Effusus ,* f. f. 1833 ; — les prés humides.

Glauque, *Glaucus ,* f. f. supp. 1834 ; — les marais.

Bulbeux , *Bulbosus ,* f. f. 1842 ; — les prés
humides.

Inondé , *Tenageya ,* f. f. 1843 ; — les marais.

Des Crapauds, *Bufonius ,* f. f. 1844 ; — les champs
humides.

Pygmée, *Pygmeus ,* f. f. 1845 ; — à St-Aignan ,
sur les bords du lac de Grand-Lieu.

Humble, *Supinus ,* f. f. 1846 ; — les marais
desséchés.

Des Marais , *Fluitans ,* f. f. 1847 ; — les fossés ,
les marais.

Articulé, *Articulatus ,* f. f. 1848 ; — les marais ,
les fossés.

Des Bois , *Sylvaticus ,* f. f. 1849 ; — les lieux
humides.

A Fruits luisants , *Lampocarpus* (Flora Gallica ; T. I, p. 261) ; — les lieux marécageux.

Luzule , *Luzula.*

Printanière , *Vernalis* , f. f. 1825 ; — les taillis d'Orvault.

De Forster , *Forsteri* , f. f. supp. 1825 ; — les bois.

Des Champs , *Campestris* , f. f. 1827 ; — les champs , les bois.

A larges Feuilles , *Maxima* , f. f. 1826 ; — coteau du château d'Aux.

Vinettier , *Berberis.*

Commun , *vulgaris* , f. f. 4082 ;—St-Sébastien , les haies du chemin de Vertou.

Frankenia , *Frankenia.*

Lisse , *Levis* , f. f. 4373 ; — le bourg de Batz , le Croisic.

Peplide , *Peplis.*

Pourpier , *Portula* , f. f. 3652 ; — le bord des marais.

HEXANDRIE TRIGYNIE.

Rumex , *Rumex.*

Aquatique, *Aquaticus* , f. f. 2221 ; — les marais, les étangs.

Crispé, *Crispus*, f. f. 2222 ; — les prés humides, le bord des chemins.

Violon, *Pulcher*, f. f. 2225 ; — les chemins, les lieux incultes.

A Feuilles aiguës, *Acutus*, f. f. 2226 ; — les fossés.

A Feuilles obtuses, *Obtusifolius*, f. f. 2227 ; — les prés, les fossés, île Videment.

Maritime, *Maritimus*, f. f. 2228 ; — rare, Machecoul.

Oseille, *Acetosa*, f. f. 2231 ; — les prés, les vignes.

Petite Oseille, *Acetosella*, f. f. 2233 ; — les terrains sabloneux.

Troscart, *Triglochin*.

Des Marais, *Palustre*, f. f. 1892 ; — rare, à St-Michel, à St-Breven.

Maritime, *Maritimum*, f. f. 1893 ; — commun à Paimbœuf, à Donges.

Colchique, *Colchicum*.

D'Automne, *Autumnale*, f. f. 1897 ; — les prés humides, les Dervalières, la Basse-Indre.

HEXANDRIE POLYGYNIE.

Flutea, *Alisma*.

Plantain d'eau, *Plantago*, f. f. 1885 ; — le bord des eaux.

Nageant, *Natans*, f. f. 1887 ; — les fossés, les étangs.

Renoncule, *Ranunculoides*, f. f. 1888 ; — les lieux aquatiques.

Étale, *Damasonium*, f. f. 1884 ; — le bord des fossés.

OCTANDRIE.

8ᵉ Classe.

～～～

MONOGYNIE.

Onagre, *OEnothera*.

Bisannuelle, *Biennis*, f. f. 3664 ; — les bords de la Loire.

Épilobe, *Epilobium*.

A Épis, *Spicatum*, f. f. 3665 ;—parc de Château-briant.

Hérissé, *Hirsutum*, f. f. 3667 ; — les Cléons, Machecoul.

Mollet, *Molle*, f f. 3668 ; — les Cléons, Mache-coul.

Des Marais, *Palustre*, f. f. 3669 ; — les bords de l'Erdre.

Tetragone, *Tetragonum*, f. f. 3670 ;—les lieux humides.

De Montagne, *Montanum*, f. f. 3672 ; — les bois, les haies.

Chlore , *Chlora*.

Perfoliée, *Perfoliata* , f. f. 2759 ; —Pornichet ,
Cambon.

Airelle , *Vaccinium*.

Myrtille , *Myrtillus* , f. f. 2818 ; — forêt du
Gâvre.

Bruyère , *Erica*.

Commune, *Vulgaris* (Linnée , Callune , bruyère,
Calluna, Erica) , f. f. 2808.

Variété : à Fleurs blanches , *Flore albo*.

à Feuilles velues , *Foliis hirsutis ;* — les bois ,
les landes.

Cendrée , *Cinerea* , f. f. 2800.

Variété : à Fleurs blanches , *Flore albo ;* — les
fossés des landes.

A quatre Faces , *Tetralix* , f. f. 2801.

Variété : à Fleurs blanches , *Flore albo ;* — les
lieux marécageux.

Ciliée, *Ciliaris* , f. f. 2804.

Variété : à Fleurs blanches , *Flore albo ;* — les
landes.

A Balais , *Scoparia* , f. f. 2805 ; — les landes ,
les bois.

Vagabonde , *Vagans* , f. f. 2806 ; — rare , recueillie par M. T. Letourneux, dans une lande
entre Vigneux et Fay.

Daphné , *Daphné.*

Lauréole, *Laureola ,* f. f. 2192 ; — les bois ,
les haies , commune à Couffé.

OCTANDRIE TRIGYNIE.

Renouée , *Polygonum.*

Amphibie , *Amphibium ,* f. f. 2205.

Terrestre , *Terrestre ;* — les marais de l'Erdre.

Poivre d'eau , *Hydropiper ,* f. f. 2206 ; — les
lieux aquatiques.

Fluette , *Pusillum ,* f. f. 2207 ; — les lieux
humides.

Persicaire, *Persicaria ,* f. f. 2208 : — les fossés,
le bord des eaux.

A Feuilles de Patience, *Lapathyfolium ,* f. f. 2210 ;
— parmi les moissons.

Maritime , *Maritimum ,* f. f. 2212 ; — Mindin ,
S.ᵗ-Breven , S.ᵗ-Nazaire.

Renouée des Oiseaux , *Aviculare ,* f. f. 2213 ; —
les chemins , les cours.

Liseron , *Convolvulus ,* f. f. 2217 ; — les champs.

Des Buissons , *Dumetorum ,* f. f. 2218 ; — les
haies.

OCTANDRIE TETRAGYNIE.

Adoxe , *Adoxa.*

Moschatelline , *Moschatellina ,* f. f. 3599 ; — les
bois.

Élatine , *Élatine.*

Fausse Alsine, *Alsinastrum ,* f. f. 4387 ; — les ponts de Caillero et de S.ᵗ-Martin.

Poivre d'eau , *Hydropiper ,* f. f. 4386 ; — les bords de la Sèvre et de l'Erdre.

ENNÉANDRIE.

9ᵉ Classe.

HEXAGYNIE.

Butome , *Butomus.*

En Ombelle , *Umbellatus ,* f. f. 1890 ; — les bords de la Loire.

DECANDRIE.

10ᵉ Classe.

MONOGYNIE.

Monotropa, *Monotropa.*

Suce-Pin , *Hypopitus ,* f. f. 4688 ;—A la Garde, route de Paris , parc de Châteaubriant.

Tribule , *Tribulus.*

Couchée, *Terrestris ,* f. f. 4295 ; — sur le sable au Pouliguen.

DECANDRIE DIGYNIE.

Dorine , *Chrysosplenium.*

A Feuilles opposées, *Oppositifolium ,* f. f. 3597 ; pont du Cens , Mauves.

Saxifrage , *Saxifraga.*

Granulée , *Granulata* , f. f. 3574 ;—rare, près
 Getté.

A troisDoigts , *Tridactylites*, f. f. 3576 ; — sur
 les murs , les rochers.

Gnavelle , *Scleranthus.*

Annuelle , *Annuus*, f. f. 3640 ; — les champs.

Vivace , *Perennis*, f. f. 3639 ; — les champs
 secs.

Gypsophile, *Gypsophila.*

Des Murs , *Muralis* , f. f. 4303 ;—les champs.

Saponaire , *Saponaria.*

Officinale , *Officinalis* , f. f. 4305 ; — les bords
 de la Loire , Port-Launay.

OEillet , *Dianthus.*

Des Chartreux , *Cartusianorum*, f. f. 4311 ; —
 Mouzeil.

Armeria , *Armeria* , f. f. 4314 ; — les-lieux
 secs.

Prolifère, *Prolifer* , f. f. 4315 ; — les murs ,
 les rochers.

De France , *Gallicus*, f. f. supp. 4325 ; — sur
 le sable au Pouliguen.

Giroflée, *Caryophyllus*, f. f. 4316 ; — sur les
 murs du château de Nantes.

Cucubale , *Cucubalus.*

Baccifère , *Bacciferus ,* f. f. 4361 ; — les haies.

Siléné , *Silene.*

A Calice enflé, *Inflata ,* f. f. 4328 ;—les taillis.

Uniflore, *Uniflora ,* f. f. 4329 ; — Paimbœuf·

Rougeâtre , *Rubella ,* f. f. supp. 4335 ;—parmi
le lin.

Bicolor, *Bicolor ,* f. f. 4337 ; — S.ᵗ-Breven ,
S.ᵗ-Nazaire.

Otitès, *Otites ,* f. f. 4341 ; — Machecoul ,
Arthon , le Croisic.

Penché , *Nutans ,* f. f. 4343; — les lieux secs
et montueux.

De France, *Gallica ,* f. f. 4352; — les champs
cultivés.

D'Angleterre, *Anglica ,* f. f. 4353 ;—les champs.

Conique, *Conica ,* f. f. 4359 ; — délestage à
Couëron.

***

DECANDRIE TRIGYNIE.

Stellaire , *Stellaria.*

Holostée, *Holostea ,* f. f. 4437 ; — les haies.

Glauque, *Glauca ,* f. f. 4438 ;—les lieux humides ,
plaine de S.ᵗ-Julien.

Graminée, *Graminea ,* f. f. 4439 ; — les fossés.

Aquatique , *Aquatica ,* f. f. 4440 ; — les lieux
aquatiques.

5

Douteuse, *Dubia*, f. f. supp 4441 ; — prairies de Chantenay et de Mauves.

Sabline, *Arenaria.*

Pourpier, *Peploides*, f. f. 4409 ; — Porniché.

A trois Nervures, *Trinervia*, f. f. 4413 ; — les bois, les haies.

A Feuilles de Serpollet, *Serpillifolia*, f. f. 4415 ; — les lieux secs, les murs.

De Montagne, *Montana*, f. f. 4416 : — forêt de Princé, Chémeré, Guérande.

A Feuilles menues, *Tenuifolia*, f. f. 4427 ; — sur le mur du quai de l'hospice de l'Hôtel-Dieu.

Rouge, *Rubra*, f. f. 4433 ; — les champs.

VARIÉTÉ : Maritime, *Maritima;* — Paimbœuf, S.ᵗ-Nazaire.

A Graines bordées, *Marginata*, f. f. 4434 ; — Bourgneuf, S.ᵗ-Nazaire.

DECANDRIE PENTAGYNIE.

Ceraiste, *Cerastium.*

Commun, *Vulgatum*, f. f. 4395 ; — les champs.

Visqueux, *Viscosum*, f. f. 4396 ; — les lieux incultes.

A courts Pétales, *Brachypetalum*, f. f. 4397 ; les champs.

A cinq Anthères, *Semidecandrum*, f. f. 4398 ; les lieux sabloneux.

Des Champs , *Arvense*, f. f. 4402 ;—Machecoul ,
Chémeré , Arthon , Couëron.

Aquatique , *Aquaticum* , f. f. 4406 ; — les lieux
aquatiques.

Spargonte , *Spergula*.

Pentandrique , *Pentandra* , f. f. 4389 ;— les lieux
sabloneux, le bois de Launay, la Fourmilière.

Des Champs , *Arvensis* , f. f. 4388 ;—les champs.

Noueuse , *Nodosa* , f. f. 4390 ; — St-Nazaire ,
la pointe de Painchâteau au Pouliguen.

Subulée , *Subulata* , f. f. 4394 ; — les lieux
humides , Sautron.

Lychnide . *Lychnis*.

Fleur de Coucou , *Flos Cuculli* , f. f. 4364 ; —
les prés.

Dioïque , *Dioica* , f. f. 4366 ; — les champs.

Des Bois , *Sylvestris* , f. f. 4367 ; — les bois.

Nielle , *Githago* , f. f. 4371 ; — parmi les bleds.

Ombilic , *Umbilicus*.

A Fleurs pendantes , *Pendulinus* , f. f. 3600 ; —
les vieux murs , les lieux pierreux.

Sédum , *Sedum*.

Reprise , *Telephium* , f. f. 3606 ; — les vignes ,
les champs.

Faux Oignon , *Cepœa* , f. f. 3610 ; — les haies.

Blanc , *Album* , f. f. 3613 ; — les murs , les
rochers.

D'Angleterre , *Anglicum ,* f. f. 3617 ; — les rochers , les toits couverts de chaume.

Velu , *Villosum ,* f. f. 3619 ; — rare, Ancenis.

Acre , *Acre ,* f. f. 3621 ; — les vieux murs , les lieux secs.

A six Angles , *Sexangulare ,* f. f. 3623 ; — rare , sur un fossé à la Maronnière, près Chantenay.

Des Pierres , *Rupestre ,* f. f. 3624 ; — sur les rochers , à St-Herblon.

Réfléchi , *Reflexum ,* f. f. 3625 ; — les murs , les lieux stériles.

Oxalide , *Oxalis.*

Oseille , *Asetosella ,* f. f. 4563 ; — les lieux ombragés et humides , la Conterie , le pont du Cens , Orvault, la Paclais.

Droite , *Stricta ,* f. f. 4565 ; — les champs sabloneux.

Cornue , *Corniculata ,* f. f. 4564 ; — les murs , les haies.

DODECANDRIE.

11e Classe.

······

MONOGYNIE.

Pourpier , *Portulaca.*

Cultivé , *Oleracea,* f. f. 3637 ; — les champs sabloneux.

Salicaire , *Lythrum*.

Commune, *Salicaria* , f. f. 3647 ; — le bord des eaux.

A Feuilles d'Hysope , *Hysopifolia* , f. f. 3648 ; — les champs humides.

DODECANDRIE DIGYNIE.

Aigremoine , *Agrimonia*.

Eupatoire, *Eupatoria* , f. f. 3728 ; — les champs.

Odorante, *Odorata* , f. f. 3723 ; — rare, Pornic, dans un pré.

DODECANDRIE TRIGYNIE.

Réséda , *Reseda*.

Herbe à jaunir, *Luteola* , f. f. 4282 ; — les lieux incultes, les murs.

Faux-Sézame, *Sesamoïdes* , f. f. 4284 ; — Oudon, St-Herblon, Barbechat.

Jaune, *Lutea* , f. f. 4287 ; — Couëron, Machecoul , Arthon.

Euphorbe , *Euphorbia*.

Peplis , *Peplis* , f. f. 2145 ; — St-Nazaire.

Peplus, *Peplus* , f. f. 2146 ; — les lieux cultivés.

Fluette , *Exigua* , f. f. 2148 ; — les champs.

Épurge , *Latyris* , f. f. 2150 ; — commune à Roche-Maurice.

Maritime , *Paralias* , f. f. 2153 ; — S.ᵗ-Nazaire.

Réveil-Matin , *Helioscopia* , f. f. 2155 ; — les lieux cultivés.

De Portland , *Portlandica* , f. f. supp. 2154 ;— S ᵗ-Nazaire.

Cyprès , *Cyparissias* , f. f. 2158 ; — les lieux incultes , commune à Roche-Maurice.

Ésule , *Esula* , f. f. 2159 ; — commun sur la côte S.ᵗ-Sébastien.

De Gérard , *Gerardiana* , f. f. 2160 ;— commun à Machecoul.

Des Bois , *Sylvatica* , f. f. 2163 ; — le bord des bois.

Poilu , *Pilosa* , f. f. 2166 ; — bois du Chaffeau.

Doux , *Dulcis* , f. f. 2167 ; — les bois.

A larges Feuilles , *Platyphyllos* , f. f. 2172.

Variété : Dentelée , *Serrulata* , prairies de Chantenay , chaussée de S.ᵗ-Herblain.

DODECANDRIE POLYGYNIE.

Joubarbe , *Sempervivum.*

Des Toits , *Tectorum* , f. f. 3628 ; — les murs , les toits , les rochers.

ICOSANDRIE.

12ᵉ Classe.

MONOGYNIE.

Prunier, *Prunus.*

Épineux , *Spinosa* , f. f. 3788 ; — les haies , les
bois.

Cerisier , *Cerasus.*

Merisier , *Avium* , f. f. 3786 ; — les bois.

ICOSANDRIE DIGYNIE.

Alisier , *Cratœgus.*

Anti-Dysentérique , *Torminalis* , f. f. 3681 ; —
les bois.

ICOSANDRIE TRIGYNIE.

Sorbier, *Sorbus.*

Domestique, *Domestica* , f. f. 3693 ; — les bois ,
les forêts.

ICOSANDRIE PENTAGYNIE.

Néflier , *Mespilus.*

Aubépine, *Oxiacantha* , f. f. 3686 ; — les haies.
Fausse-Aubépine , *Oxiacanthoïdes* , f. f. 3687 ;
— les haies.

D'Allemagne, *Germanica*, f. f. 3690 ; — les haies.

Poirier, *Pyrus*.

Commun, *Communis*, f. f. 3679 ; — les taillis.

Pommier, *Malus*.

Commun, *Communis*, f. f. 3678 ; — les bois.

Spirée, *Spiræa*.

Filipendule, *Filipendula*, f. f. 3778 ; — rare, dans les prés à S.ᵗ-Herblon.

Ulmaire, *Ulmaria*, f. f. 3779 ;—les prés humides

ICOSANDRIE POLYGYNIE.

Rosier, *Rosa*.

Des Champs, *Arvensis*, f. f. 3696 ; — les haies.

Pimprenelle, *Pimpinellifolia*, f. f. 3697 ; — les lieux secs, Pornic, le Pouliguen.

Des Collines, *Collina*, f. f. 3702 ;—S.ᵗ-Sébastien, sur les hauteurs du pont du Cens.

Rouillé, *Rubiginosa*, f. f. 3710 ; — bois de la Guerre, à Ancenis, taillis du pont du Cens.

Des Chiens, *Canina*, f. f. 3716 ; — les haies.

Ronce, *Rubus*.

A Fruits bleuâtres, *Cæsius*, f. f. 3770 ; — le bord des chemins.

A Feuilles de Coudrier, *Corylifolius*, f. f. 3772 ; — les haies.

Tomenteuse , *Tomentosus ,* f. f. 3774 ; — les haies.

Arbrisseau , *Fruticosus ,* f. f. 3773 ; — les haies.

Potentille , *Potentilla.*

Argentine, *Anserina ,* f. f. 3732 ; — le bord des eaux.

Printannière , *Verna ,* f. f. 3741 ; — coteaux de Juigné , à Ancenis , S.ᵗ-Nazaire

Rampante , *Reptans ,* f. f. 3744 ; — le bord des champs.

Argentée , *Argentea ,* f. f. 3745 ; — les lieux secs.

Brillante , *Splandens ,* f. f. 3757 ; — les bois.

Fraisier, *Fragaria ,* f. f. 3759 ;—les lieux secs , les haies.

Tormentille , *Tormentilla.*

Droite , *Erecta ,* f. f. 3729 ; — les prés , les bois.

Couchée , *Reptans ,* f. f. 3730 ; — dans un pré de la métairie de la Ville-en-Bois , près le lac de Grand-lieu.

Fraisier , *Fragaria.*

De Table , *Vesca ,* f. f. 3761 ; — les bois, la forêt du Gâvre.

Comaret , *Comarum.*

Des Marais , *Palustre ,* f. f. 3762 ; — baie de la Verrière , rivière d'Erdre.

Benoite, *Geum.*

Commune, *Urbanum*, f. f. 3763 ; — les haies, les bois.

POLYANDRIE.

13ᵉ Classe.

~~~~

MONOGYNIE.

Chelidoine, *Chelidonium.*

Éclaire, *Majus*, f. f. 4093 ; — les murs, les haies.

Glauque, *Glaucium*, f. f. 4094 ; — Indret, Couëron, le Pouliguen.

Pavot, *Papaver.*

Hybride, *Hybridum*, f. f. 4086 ; — S.ᵗ-Nazaire, le Pouliguen, le Croisic.

Argemoné, *Argemone*, f. f. 4087 ; — les champs cultivés, Machecoul, Pornic.

Coquelicot, *Rhœas*, f. f. 4089 ; — parmi les bleds.

Douteux, *Dubium*, f. f. 4090 ; — les murs, les lieux cultivés.

Nenuphar, *Nymphœa.*

Blanc, *Alba*, f. f. 4085 ; — les étangs, la rivière d'Erdre.

Jaune, *Lutea*, f. f. 4084 ;—les étangs, l'Erdre.
~~~~

Tilleul , *Tilia.*

A petites Feuilles , *Mycrophilla ,* f. f. 4503 ; —
les bois.

Hélianthême , *Helianthemum.*

Faux Alysson , *Alyssoides ,* f. f. 4488 ; — sur
un rocher entre S.ᵗ-Michel et S.ᵗ-Breven.

Taché , *Guttatum ,* f. f. 4490 ; — les bois secs.

Commun , *Vulgare ,* f. f. 4495 ; — Machecoul,
Arthon , Chémeré.

POLYANDRIE PENTAGYNIE.

Ancolie , *Aquilegia.*

Commune , *Vulgaris ,* f. f. 4671 ; — les bois.

POLYANDRIE POLYGYNIE.

Anémone , *Anemone.*

Silvie , *Nemorosa ,* f. f. 4616 ; — les bois , pont
du Cens , Orvault.

Ficaire , *Ficaria.*

Renoncule , *Ranunculoides ,* f. f. 4620 ; — les
prés , les fossés.

Renoncule , *Ranunculus.*

A Feuilles tripartites , *Tripartitus ,* f. f. supp.
4634 ; — les fossés aquatiques.

A Feuilles de Lierre, *Hederaceus* , f. f. 4634 ;
— les lieux marécageux.

Aquatique, *Aquatilis* , f f. 4635 ;— les rivières,
les ruisseaux.

a. *Hederaceus.*

b. *Heterophyllus.*

c. *Capillacius.*

d. *Cespitosus.*

Scélérate , *Scelerathus* , f. f. 4639 ; — les mares.

Tête d'or , *Auricomus* , f. f. 4640 ; — les bois,

Rampante, *Repens* , f. f. 4642 ; — les champs ,
les prés.

Acre , *Acris* , f. f. 4643 ; — les prairies.

Laineuse, *Lanuginosus* , f. f. 4644 ; — les bois.

Cerfeuil, *Chœrophillos* , f. f. 4646 ; — les prés
secs.

Bulbeuse, *Bulbosus* , f. f. 4648 ; — les prés , les
fossés.

Des Mares , *Philonotis* , f. f. 4649 ; — les lieux
aquatiques.

b. *Subglaber.*

A petites Fleurs, *Parviflorus* , f. f. 4650 ; — les
lieux sabloneux, les chemins.

Des Champs , *Arvensis* , f. f. 4652 ; — parmi les
bleds.

Langue , *Lingua* , f. f. 4657 ; — bords de l'Erdre.

Flamette, *Flamula* , f. f. 4658 ; — les fossés
aquatiques.

Ophioglosse, *Ophioglossifolius*, f. f. supp. 4658 ;
— les mares desséchées.

Populage , *Caltha.*

Des Marais, *Palustris* , f. f. 4684 ; — bords de
la Loire, de Chantenay , à la Basse-Indre.

Isopyre , *Isopyrum.*

Faux Pigamon, *Thalictroides ;* Linnée *Helleborus
Thalictroides ,* f. f. 4667 ; — rare , taillis du
Portereau, sur les bords de la Sèvre.

Pigamon , *Thalictrum.*

Jeaunâtre, *Flavum ,* f. f. 4603 ;—très-commune ,
les prés.

Clématite , *Clématis.*

Des Haies , *Vitalba ,* f. f. 4590 ; — les haies ,
Orvault , les Dervalières.

DIDYNAMIE.

14ᵉ Classe.

GYMNOSPERMIE.

Bugle , *Ajuga.*

Rampante , *Reptans* , f. f. 2491 ; — les prés
humides , les bois.

Faux-Pin , *Chamœpithys* , f. f. 2495 ;—Machecoul, Arthon.

Germandrée, *Teucrium.*

Sauge des Bois, *Scorodonia*, f. f. 2501 ; — les lieux secs.

Scordium, *Scordium*, f. f. 2503 ; — les lieux humides, Pornichet, Cambon.

Népéta, *Nepeta.*

Chataire, *Cataria*, f. f. 2521 ; — rare, Savenay.

Menthe, *Mentha.*

Sauvage, *Sylvestris*, f. f. 2534 ; — les lieux humides, Carcouët, le Lion-d'Or, Monnière.

A Feuilles rondes, *Rotundifolia*, f. f. 2535 ; — les prés humides.

Hérissée, *Hirsuta*, f. f. 2538 ; — les lieux aquatiques.

Des Champs, *Arvensis*, f. f. 2540 ; — les lieux humides.

Pouliot, *Pulegium*, f. f. 2543 ; — les lieux aquatiques.

Gléchome, *Glecoma.*

Lierre terrestre, *Hederacea*, f. f. 2545 ; — les haies.

Lamier, *Lamium.*

Blanc, *Album*, f. f. 2549 ; — île Videment, le pré aux Moines à Ancenis.

Taché, *Maculatum*, f. f. 2550 ; — St-Sébastien, St-Julien, la Basse-Indre, les Couëts.

Pourpre , *Purpureum* , f. f. 2553 ;—les champs cultivés.

Bâtard , *Hybridum* , f. f. 2554 ; — les champs cultivés.

Amplexicaule , *Amplexicaule* , f. f. 2555 ; — les champs , les murs.

Galeopside , *Galeopsis.*

A Fleurs jaunes , *Ochroleuca* , f. f. 2556 ; — les champs , les bleds.

Ladane , *Ladanum* , f. f. 2557 ; — les lieux cultivés.

Tetrahit , *Tetrahit* , f. f. 2559 ; — les champs , les bois.

Jaune, *Galeobdolon,* Linnée *Galeobdolon Luteum* , f. f. 2581 ; — les bois humides.

Betoine , *Betonica.*

Officinale , *Officinalis* , f. f. 2561 ; — les bois.

Roide , *Stricta* , f. f. 2562 ; — les bois.

Épiaire , *Stachys.*

Des Bois , *Sylvatica* , f. f. 2566 ; — les lieux ombragés.

Des Marais , *Palustris* , f. f. 2567 ; — les fossés aquatiques.

D'Allemagne , *Germanica* , f. f. 2569 ; — coteaux de Mauves , coteaux de Juigné à Ancenis , Cambon , St-Herblon.

Crapaudine, *Sideritis*, f. f. 2573 ; — coteaux de
Juigné à Ancenis.

Annuelle. *Annua*, f. f. 2574 ; — les champs,
à Chémeré.

Des Champs, *Arvensis*, f. f. 2575 ; — les champs
cultivés.

Ballotte, *Ballota*.

Fétide, *Fetida*, f. f. 2576 ; — les haies, le long
des murs.

Marrube, *Marrubium*.

Commun, *Vulgare*, f. f. 2577 ; — les lieux incultes, le Tertre, la Basse-Indre, Thouaré.

Agripaume, *Leonurus*.

Cardiaque, *Cardiaca*, f. f. 2579 ; — le Tertre,
la Hachère, S.ᵗ-Nazaire.

Clinopode, *Clinopodium*.

Commun, *Vulgare*, f. f. 2585 ; — les lieux secs

Origan, *Origanum*.

Commun, *Vulgare*, f. f. 2586 ; — les lieux montueux.

Précoce, *Heracleoticum*, Flora Gallica, T. 2,
page 18 ; — Mont-Piron à Oudon.

Thym, *Thymus*.

Serpollet, *Serpillum*, f. f. 2589 ; — les lieux
secs.

Des Champs , *Acynos* , f. f. 2593 ;— les champs ,
Machecoul.

Calament , *Calamintha* , f. f. 2597 ;— la Barberie ,
Machecoul.

Mélisse , *Melissa.*

Officinale , *Officinalis* , f. f. 2600 ; — la Martinière , Couëron , Orvault.

Mélitte , *Melittis.*

A feuilles de Melisse , *Melissophyllum* , f. f. 2602 ;
— les bois.

Brunelle , *Brunella.*

Commune , *Vulgaris* , f. f. 2605 ; — les prés.

Laciniée , *Laciniata* , f. f. 2606 ;—les lieux secs.

Toque , *Scutellaria.*

Tertianaire , *Galericulata* , f. f. 2615 ; — les lieux
frais.

A Feuilles hastées , *Hastifolia* , f. f. supp. 2615 ;
— les lieux aquatiques , la Moutouerie , l'île
de l'Officière.

Naine , *Minor* , f. f. 2616 ; — les lieux humides
et marécageux.

DIDYNAMIE ANGIOSPERMIE.

Bartsie , *Bartsia.*

Visqueuse , *Viscosa* , f. f. 2430 ; — la Conterie ,
le Chaffau , les lieux aquatiques.

Rhinanthe , *Rhinanthus.*

Glabre , *Glabra ,* f. f. 2431 ; — les prés.

Velue, *Hirsuta ,* f. f. 2432 ; — Thouaré, Oudon.

Euphraise , *Euphrasia.*

Officinale , *Officinalis ,* f. f. 2418 ; — les prés , les coteaux.

Tardive , *Odontites,* f. f. 2422 ; — les champs, les fossés.

Mélampyre , *Melampyrum.*

A Crêtes , *Cristatum ,* f. f. 2447 ; — les Cléons.

Des Bois , *Sylvaticum ,* f. f. 2450 ; — les bois.

Lathrée , *Lathræa.*

Clandestine, *Clandestina ,* f. f. 2459 ; — les lieux humides et ombragés.

Pédiculaire , *Pedicularis.*

Des Marais, *Palustris ,* f. f. 2433 ; — les marais de l'Erdre.

Des Bois , *Sylvatica ,* f. f. 2434 ; — les prés , le bord des bois.

Linaire , *Linaria.*

Cymbalaire, *Cymbalaria ,* f. f. 2634 ; — les vieux murs , île Gloriette.

Élatine , *Elatine ,* f. f. 2636 ; — les champs.

Bâtarde , *Spuria ,* f. f. 2637 ; — les champs cultivés.

Rayée , *Striata* , f. f. 2641 ; — les lieux pierreux.

Couchée , *Supina* , f. f. 2644 ; — Machecoul, le Pouliguen.

De Pélissier , *Pelisseriana* , f. f. 2648 ; — rare , St-Herblon.

Des Sables , *Arenaria* , f. f. supp. 2449 ; — Saint⁻ Breven , Pornichet.

Naine , *Minor* , f. f. 2652 ; — île Videment.

Commune , *Vulgaris* , f. f. 2654 ; — les champs.

Mufflier , *Antirrhinum*.

Rubicond , *Orontium* , f. f. 2656 ; — les champs.

Scrophulaire , *Scrophularia*.

Noueuse , *Nodosa* , f. f. 2625 ; — les lieux couverts , les bois.

Aquatique , *Aquatica* , f. f. 2627 ; — les fossés , le bord des eaux.

Printanière, *Vernalis* , f. f. 2626 ; — naturalisée à la Morinière.

A Feuilles de Sauge , *Scorodonia* , f. f. 2628 ; — Bouguenais , Montoire , St-Nazaire.

Digitale , *Digitalis*.

Pourpre, *Purpurea* , f. f. 2661 ; — les lieux arides , les haies.

Lindernie , *Lindernia*.

Pixidaire , *Pixidaria* , f. f. 2623 ; — sur les bords de la Loire et de la Sèvre , île Videment , Trentemoult, Beautour.

Limoselle, *Limosella.*

Aquatique, *Aquatica*, f. f. 2622 ; — les bords de la Loire, côte St-Sébastien.

Sibthorpie, *Sibthorpia.*

D'Europe, *Europea*, f. f. 2417 ; — les lieux humides, le pont du Cens, le pont Marchand.

Orobanche, *Orobanche.*

Majeur, *Major*, f. f. 2452 ;—parmi les genêts.

Vulgaire, *Vulgaris*, f. f. 2453 ; — prairie de Mauves.

Du Serpollet, *Epithymum*, f. f. 2456 ; — les champs.

Bleue, *Cærulea*, f. f. 2457 ; — Oudon.

Rameuse, *Ramosa*, f. f. 2458 ; — île aux Moines, près Ancenis.

TETRADYNAMIE.

15ᵉ Classe.

SILICULEUSE.

Cameline, *Myagrum.*

Cultivée, *Sativum*, f. f. 4269 ; — les champs cultivés, Montoire.

Variété : Dentée, *Dentatum ;* — Pornic.

Caquillier, *Cakile.*

Maritime, *Maritima*, f. f. 4271 ; — St-Nazaire.

Bunias, *Bunias.*

Fausse Roquette, *Erucago*, f. f. 4275 ;—parmi les bleds, Bourgneuf, Arthon.

Drave, *Draba.*

Printanière, *Verna*, f. f. 4228 ; — les murs, les fossés.

Des Murs, *Muralis*, f. f. 4231 ; — les murs, les lieux secs, la Regripière, Ancenis.

Senebiera, *Senebiera.*

Pinnatifide, *Pinnatifida*, f. f. 4238 ;— chantier de la prairie de la Magdelaine, Couëron.

Corne de cerf, *Coronopus.*

Commune, *Vulgaris*, f. f. 4239 ;—les champs, les chemins.

Passerage, *Lepidium.*

Ibéride, *Iberis*, f. f. 4261 ;—les lieux incultes, la Basse-Indre ; Nantes, rue Talensac.

Tabouret, *Thlaspi.*

Des Décombres, *Ruderale*, f. f. 4246 ; — le bord des marais salants au Pouliguen.

A Tige nue, *Nudicaule*, f. f. 4248 ; — les lieux stériles.

Des Champs, *Arvense*, f. f. 4250 ; — les lieux cultivés.

A odeur d'ail, *Alliaceum*, f. f. 4251 ;— les vignes, à Ancenis.

Perfolié, *Perfoliatum*, f. f. 4253 ; — Mouzeil.

Des Campagnes, *Campestre*, f. f. 4257 ; — les champs, les chemins.

Bourse à Pasteur, *Bursa Pastoris*, f. f. 4249 : — les champs, les chemins.

Cranson, *Cochlearia*.

De Danemarck, *Danica*, f. f. 4234 ; — sur les murs, à St-Nazaire, à Piriac.

Alysson, *Alyssum*.

Calicinal, *Calycinum*, f. f. 4221 ;— les champs, Machecoul.

TETRADYNAMIE SILIQUEUSE.

Cardamine, *Cardamine*.

Amère, *Amara*, f. f. 4197 ;—marais de l'Erdre.

Des Prés, *Pratensis*, f. f. 4198 ; — les prés humides.

Velue, *Hirsuta*, f. f. 4199 ; — les lieux ombragés.

A petites Fleurs, *Parviflora*, f. f. 4200 ; — sur les fossés, les Cléons, la Chapelle-Heulin.

Impatiente, *Impatiens*, f. f. 4201 ; — rare, la Morinière, Boussay au bas des coteaux.

Sisymbre , *Sisymbrium.*

Cresson, *Nasturtium*, f. f. 4148 ;—les ruisseaux, les fontaines.

Sauvage , *Sylvestre* , f. f. 4149 ; — le bord des rivières.

Des Marais, *Palustre* , f. f. 4150 ; — les marais , les bords de la Loire.

Amphibie , *Amphibium*, f. f. 4151 ; — les fossés aquatiques.

Des Pyrénées , *Pyrenaicum*, f. f. 4152 ; — les prés secs.

Des Murs , *Murale* , f. f. 4154 ; — les murs , à Machecoul.

A Feuilles menues , *Tenuifolium* , f. f. 4159 ;— les lieux sabloneux, île Videment , Couëron.

Sagesse, *Sophia* , f. f. 4165 ;—rare , S.ᵗ-Breven.

Irio , *Irio* , f. f. 4166 ; — mur du quai qui fait face à celui de l'hôpital.

Officinale, *Officinale* , f. f. 4172 ;—les chemins , les jardins.

Velar , *Erysimum.*

De S.ᵗᵉ-Barbe , *Barbarea* , f. f. 4146 ; — les lieux humides , le Chaffau, Saffré.

Précoce , *Precox* , f. f. 4147 ; — le bord des fossés.

Giroflée , *Cheiranthoides* , f. f. 4142 ;—les bords de la Loire , île Videment.

Julienne , *Hesperis.*

Alliaire , *Alliaria* , f. f. 4125 ; — les bois, les haies.

Giroflée , *Cheiranthus.*

Violier , *Cheiri* , f. f. 4138 ; — les vieux murs.

Sinuée , *Sinuatus* , f. f. 4137 ; — S.ᵗ-Breven , le Pouliguen.

Arabette , *Arabis.*

Perfoliée , *Perfoliata* , f. f. 4174 ; — dans un champ près Oudon.

En fer de flèche , *Sagittata* , f. f. supp. 4179 ; — Arthon , dans un champ ; Machecoul , auprès des moulins.

De Thalius , *Thaliana* , f. f. 4184 ;—les fossés, les murs.

Chou , *Brassica.*

Giroflée , *Cheranthus* , f. f. 4123 ; — les lieux secs et montueux.

Moutarde , *Sinapis.*

Noire , *Nigra* , f. f. 4109 ; — commune à Buzay , à l'île Videment.

Des Champs , *Arvensis* , f. f. 4111 ;—les champs.

Radis , *Raphanus.*

Sauvage , *Raphanistrum* , f. f. 4108 ; — les prés sabloneux.

MONADELPHIE.

16ᵉ Classe.

~~~~~

PENTANDRIE.

Erodium, *Erodium*.

A Feuilles de Ciguë, *Cicutarium*, f. f. 4532 ; — les prés secs, les champs.

Musqué, *Moschatum*, f. f. 4533 ; — chemin de la Folie-Chaillou, Vertou.

MONADELPHIE DECANDRIE.

Geranium, *Geranium*.

Luisant, *Lucidum*, f. f. 4553 ;—les fossés, les haies.

Mollet, *Molle*, f. f. 4554 ; — les champs.

Colombin, *Columbinum*, f. f. 4555 ;—les lieux couverts.

Disséqué, *Dissectum*, f. f. 4556 ; — les prés, les champs.

A Feuilles rondes, *Rotondifolium*, f. f. 4557 ; — les lieux cultivés.

Fluet, *Pusillum*, f. f. 4558 ; — le Croisic, Ancenis.

Herbe à Robert, *Robertianum*, f. f. 4559 ; — les haies, les bois.
~~~~~

Guimauve , *Althea.*

Officinale , *Officinalis ,* f. f. 4515 ; — les prés
de Buzay , Machecoul.

Hérissée , *Hirsuta ,* f. f. 4518 ; — Mouzeil.

Mauve , *Malva.*

De Nice , *Nicœensis ,* f. f. 4507 ; — les lieux
secs , Ancenis , Arthon.

A Feuilles rondes , *Rotundifolia ,* f. f. 4508 ; —
les lieux incultes , les chemins.

Sauvage, *Sylvestris ,* f. f. 4509 ; les chemins,
les lieux cultivés.

Alcée , *Alcea ,* f. f. 4511 ; — les lieux couverts ,
les bois.

Musquée , *Moschata ,* f. f. 4512 ; — les champs,
les prés.

DIADELPHIE.

17ᵉ Classe.

......

HEXANDRIE.

Corydalis , *Corydalis.*

Bulbeuse, *Bulbosa ,* f. f. 4098 ; — les coteaux
de Mauves , taillis du Portero , Vertou.

A Vrilles , *Claviculata ,* f. f. 4100 ; — carrières
de la Conterie , bords de l'Erdre.

Fumeterre , *Fumaria.*

Grimpante, *Capreolata,* f. f. 4101 ;—les champs ,
les murs.

Officinale, *Officinalis ,* f. f. 4102 ; — les lieux
cultivés.

A petites Fleurs , *Parviflora ,* f. f. 4103 ;—les
lieux secs, Chémeré.

DIADELPHIE OCTANDRIE.

Polygale , *Polygala.*

Commun , *Vulgaris ,* f. f. 2382 ; — les prés ,
les bois.

D'Autriche, *Austriaca ,* f. f. 2383 ;— les coteaux ,
les taillis.

DIADELPHIE DECANDRIE.

Génêt , *Genista.*

Des Teinturiers , *Tinctoria ,* f. f. 3805 : — les
lieux rocailleux.

A Balais , *Scoparia ,* f. f. 3811 ;— les champs ,
les bois.

D'Angleterre , *Anglica ,* f. f. 3813 :—les landes.

Ajonc , *Ulex.*

D'Europe , *Europeus ,* f f. 3799 ;—les chemins ,
les landes, les fossés.

Nain , *Nanus* , f. f. 3800 ; — les landes , les
chemins.

Ononis , *Ononis.*

Des Champs , *Arvensis* , f. f. 3835 ;—les champs ,
les prés secs.

Variété : Rampante , *Repens ;* — S.-Nazaire.

Natrix , *Natrix* , f. f. 3846 ; — les lieux secs ,
Chémeré.

Anthyllide , *Anthyllis.*

Vulnéraire , *Vulneraria* , f. f. 3850 ; — plaine
d'Arthon.

Lupin , *Lupinus.*

A Feuilles étroites , *Angustifolius* , f. f. **3831** ;
— les champs sabloneux , Machecoul , Ché-
meré.

Orobe , *Orobus.*

Tubéreux , *Tuberosus* , f. f. 4006 ; — les bois.

Blanc , *Albus* , f. f. 4008 ; — les treize prés à
Ancenis , Anetz.

Gesse , *Lathyrus.*

Aphaca , *Aphaca* , f. f. 3981 ; — parmi les
bleds.

De Nissole , *Nissolia* , f. f. 3982 ; — dans les
moissons.

Anguleuse, *Angulatus* , f. f. 3987 ;—les champs
cultivés à S.ᵗ-Nazaire.

Sphérique , *Sphericus* , f. f. 3988 ;—les champs
  à S.ᵗ-Nazaire.

Velue , *Hirsutus* , f. f. 3992 ; — les champs
  cultivés à Paimbœuf.

Des Prés , *Pratensis* , f. f. 3994 ; — les prairies.

Sauvage , *Sylvestris* , f. f. 3995 ; — les haies ,
  Oudon.

Des Marais , *Palustris* , f. f. 3998 ;—les marais
  de Haute-Goulaine , les Cléons.

Vesce , *Vicia.*

Cracca , *Cracca* , f. f. 4014 ; — les prés , le
  bord des ruisseaux.

Cultivée , *Sativa* , f. f. 4019 ; — les champs
  cultivés.

VARIÉTÉ : *B. Angustifolia.*
       C. Segetalis.

Fausse Gesse , *Lathyroides* , f. f. 4020 ; — les
  lieux sabloneux , Couëron.

Jaune, *Lutea* , f. f. 4023 ;—les champs cultivés.

Des Haies , *Sepium* , f. f. 4025 ; — les haies ,
  les bois.

Ers , *Ervum.*

Tetràsperme , *Tetraspermum* , f. f. 4029 ; —
  parmi les bleds.

Velu , *Hirsutum* , f. f. 4030 ;— les champs.

Grêle , *Gracile* , f. f. supp. 4029 ; — dans les
  moissons , les Cléons.

7*

Ornithope , *Ornithopus.*

Nain , *Perpusillus,* f. f. 4037 ;—les lieux secs .
le pont du Cens.

Comprimé , *Compressus,* f. f. 4038 ;—les champs,
Machecoul , Chémeré.

Variété : à Fleurs roses, *Flores rosei,* f. f. supp.
4038 ; — parmi les bleds, Saint - Nazaire ,
Bourgneuf.

Sans Bractées, *Ebracteatus ,* f. f. supp. 4039 ;
— les chemins, Paimbœuf, St-Nazaire.

Hippocrepis , *Hippocrepis.*

En Ombelle , *Comosa ,* f. f. 4043 ; — les lieux
secs , Machecoul , Arthon.

Trèfle , *Trifolium.*

Roide , *Strictum ,* f. f. 3858 ; — prairie de
Mauves , Pornic près Ste-Marie.

Rampant , *Repens ,* f. f. 3859 — les pelouses ,
les prés.

De Michel, *Michelianium ,* f. f. 3859 supp. ; —
les prés.

Aggloméré , *Glomeratum ,* f. f. 3862 ;—les lieux
secs .

Étouffé , *Suffocatum ;* f. f. 3863 ; — les lieux
arides , Chémeré.

Enterreur , *Subterraneum,* f. f. 3864 ; — les
pelouses , les chemins.

Des Prés , *Pratense,* f. f. 3871 ; — les prés.

Incarnat, *Incarnatum*, f. f. 3875 ; —les prairies des bords de la Loire.

Jaunâtre, *Ochroleucum*, f. f. 3876 ; — les prés.

A Feuilles étroites , *Angustifolium* , f. f. 3878 ; — les coteaux , Pornic.

Des Champs , *Arvense* , f. f. 3879 ;—les champs.

Irrégulier , *Irregulare* , f. f. 3882 ; — les prés des bords de la Loire.

Scabre , *Scabrum* , f. f. 3884 ; — les lieux secs, Machecoul , S.ᵗ-Nazaire.

De Boccone, *Bocconi*, f. f. 3885, supp.;—rare , Pornic près S.ᵗᵉ-Marie.

Strié , *Striatum* , f. f. 3885 ;— les lieux secs.

Renversé, *Resupinatum* , f. f. 3887 ; — commun dans la prairie de Corsept près Paimbœuf.

Fraisier, *Fragiferum* , f. f. 3889 ;—les prés secs.

Des Campagnes, *Agrarium* , f. f. 3891 ;—rare , prairie de la Maillardière.

Étalé , *Procumbens* , f. f. 3892; —les champs.

Filiforme, *Filiforme* , f. f. 3893;—les prés, les chemins.

Melilot , *Melilotus*.

A Fleurs blanches, *Leucatha* , f. f. supp. 3894; — île Videment , le Pouliguen.

A petites Fleurs , *Parviflora* , f. f. 3896 ; — Pornic , le Pouliguen , le Croisic.

Officinale, *Officinalis* , f. f. 3894 ;— les bords de la Loire.

Lotier , *Lotus*.

A petites Cornes , *Corniculatus* , f. f. 3936 ;—
les prés.

Très-étroit , *Angustissimus* , f. f. 3937 , supp. ;
— les Dervalières , la Dénerie.

Étalé , *Diffusus* , f. f. 3937 , supp. ;—les champs
incultes.

Hispide , *Hispidus* , f. f. 3937, supp. ;—Pornic.

Trigonelle, *Trigonella*.

Pied d'Oiseau , *Ornithopodioides* , f. f. 3926 ; —
rare , les bords de l'Erdre.

Luzerne , *Medicaco*.

En Faucille , *Falcata* , f. f. 3900 ; — les lieux
secs , la prairie au Duc.

Houblon , *Lupulina* , f. f. 3903 ; — les lieux
secs , les chemins.

Orbiculaire , *Orbicularis* , f. f 3906 ;—coteaux
de Juigné à Ancenis.

Striée, *Striata* , f. f. 3907 supp. ;—le Pouliguen,
le Croisic.

Velue , *Villosa* , f. f. 3912 ; — coteaux de Juigné
à Ancenis.

Naine , *Minima* , f. f. 3913 ; — Machecoul, Ancenis , Couëron.

Maritime, *Marina* , f. f. 3914 ; — S.ᵗ-Breven ,
Pornic.

Tachée , *Maculata* , f. f. 3919 ; — les prés , les champs,

A petites Pointes , *Apiculata* , f. f. 3920 ; — S.ᵗ-Michel , Pornic.

POLYADELPHIE.

18ᵉ Classe.

~~~~

POLYANDRIE.

Androsème , *Androsemum.*

Officinale , *Officinale* , f. f. 4570 ; — forêt du Gâvre.

Millepertuis , *Hypericum.*

Tetragone , *Quadrangulum* , f. f. 4571 ; — les fossés aquatiques.

Douteux , *Dubium* , f. f. 4572 ; — S.ᵗ-Julien-de-Vouvantes.

Perforé , *Perforatum* , f. f. 4573 ;—les champs , les vignes.

De Montagne , *Montanum* , f. f. 4577 ;—coteaux de la Berthelotière.

Couchée , *Humifusum* , f. f. 4574 ;—les champs.

Élégant , *Pulchrum* , f. f. 4578 ; — les bois.

Velu , *Hirsutum* , f. f. 4579 ;—taillis du Portero.

Des Marais , *Elodes* , f. f. 4581 ; — les marais tourbeux.
~~~~

A Feuilles linéaires, *Linearifolium*, f. f. 4582 supp. ; les lieux montueux, St-Herblain.

SYNGÉNESIE.

19° Classe.

~~~~

POLYGAMIE ÉGALE.

Salsifix, *Tragopogon*.

Des Prés, *Pratense*, f. f. 2988 ; — les prés, Thouaré.

A Feuilles de Poireau, *Porrifolium*, f. f. 2991 ; les prés de Buzay.

Scorzonère, *Scorzonera*.

Humble, *Humilis*, f. f. 2979 ; — les prés aquatiques.

Laitron, *Sonchus*.

Des lieux cultivés, *Oleraceus*, f. f. 2895 ;—les champs

Des Champs, *Arvensis*, f. f. 2896 ; — les champs.

Des Marais, *Palustris*, f. f. 2897 ; —les fossés aquatiques.

Laitue, *Lactuca*.

Vireuse, *Virosa*, f. f. 2888 ; — les lieux secs, les murs.

A Feuilles de Saule, *Saligna*, f. f. 2889 ;—le bord des champs, le long des murs.
~~~~

Chondrille, *Chondrilla.*

Effilée, *Juncea*, f. f. 2884 ; — les champs , Machecoul , St-Nazaire.

Des Murs, *Muralis*, f. f. 2885 ; — parc de Châteaubriant.

Pissenlit, *Taraxacum.*

Dent de Lion , *Dens Leonis*, f. f. 2952 ;—les prés.

Des Marais, *Palustre*, f. f. 2953 ;—sur le bord des fossés de la route de Vannes.

Thrincie , *Thrincia.*

Hérissée, *Hirsuta*, f. f. 2965 ;—les lieux sablo-neux.

Velue , *Hispida*, f. f. 2966 ; — les lieux secs et pierreux.

Liondent , *Leontodon.*

D'Automne, *Autumnale*, f. f. 2968,—les champs, les murs , île Videment.

Picride , *Picris.*

Épervière, *Hieracioides*, f. f. 2974 ;—les champs.

Helminthie , *Helminthia.*

Viperine , *Echioides* , f. f. 2976 ; — le bord des chemins , les fossés.

Épervière, *Hieracium.*

Piloselle, *Pilosella*, f. f. 2913 ; — les lieux incultes.

Auricule, *Auricula*, f. f. 2914 ; — les lieux secs.

Des Murs, *Murorum*, f. f. 2925 : — murs du parc des Dervalières.

Des Bois, *Sylvaticum*, f. f. 2926 ; — les bois, Orvault.

De Savoie, *Sabandum*, f. f. 2927 ; — les bois.

En Ombelle, *Umbellatum*, f f. 2928 ; — les bois.

Crépide, *Crepis.*

Bisannuelle, *Biennis*, f. f. 2941 ; — les prés.

Des Toits, *Tectorum*, f. f. 2942 ; — les prés.

Roide, *Stricta*, f. f. 2942 supp. ; — les prés.

Verdâtre, *Virens*, f. f. 2943 ; — les prés secs.

De Dioscoride, *Dioscorides*, f. f. 2944 ; — les lieux secs.

Barkhausie, *Barkhausia.*

Fétide, *Fétida*, f. f. 2948 ; — chemin de Vertou, Couëron.

A Feuilles de Pissenlit, *Taraxacifolia*, f. f. 2949 ; — les prés secs.

Andryale, *Andryala.*

A Feuilles entières, *Integrifolia*, f. f. 2938, — les coteaux, Oudon, Boussay.

Porcelle , *Hypochœris*.

A longues Racines , *Radicata* , f. f. 2956 ; — les prés , les chemins.

Glabre , *Glabra* , f. f. 2957 ; — les lieux montueux.

Lampsane , *Lampsana*.

Fluette , *Minima* , f. f. 2874 ; — les pâturages secs.

Commune , *Communis* , f. f. 2876 ; — les lieux cultivés.

Chicorée , *Cichorium*.

Sauvage , *Intybus* , f. f. 2996 ; — les chemins , les vignes.

Scolyme , *Scolymus*.

D'Espagne, *Hispanicus* , f f. 2999 ;—Paimbœuf, Donges , le Pouliguen.

Bardane , *Lappa*.

A petites têtes , *Minor* , f. f. 3010 ; — le bord des chemins.

Sarrète , *Serratula*.

Des Teinturiers, *Tinctoria* , f. f. 3024 ; — les bois.

Chardon , *Carduus*.

Marie , *Marianus* , f. f. 3012 ; — les lieux incultes, les chemins.

A petites Fleurs, *Tenuiflorus*, f. f. 3014 ; — les lieux secs, le long des murs.

Penché, *Nutans*, f. f. 3017 ; — les chemins, les lieux incultes.

Cirse, *Cirsium.*

Des Marais, *Palustre*, f. f. 3072 ; — le bord des ruisseaux.

Lanceolé, *Lanceolatum*, f. f. 3073 ; — le bord des chemins.

Bulbeux, *Bulbosum*, f. f. 3087 ; — les prés humides.

D'Angleterre, *Anglicum*, f. f. 3088 ; — les prés aquatiques.

Nain, *Acaule*, f. f. 3809 ; — lande du Moulin cassé, Cambon, Erbray.

Des Champs, *Arvense*, f. f. 3090 ;—les champs secs, les chemins.

Laineux, *Eriophorum*, f. f. 3091 ;—four à chaux d'Erbray.

Onoporde , *Onopordium.*

Acanthe, *Acanthium*, f. f. 3005 ;—les champs, les chemins.

Carline , *Carlina.*

Commune, *Vulgaris*, f. f. 3098 ; — les lieux secs et pierreux.

Bident , *Bidens.*

Tripartite , *Tripartita* , f. f. 3287 ; — le bord
des eaux.

Penché , *Cernua* , f. f. 3288 ;— les fossés aquatiques.

Eupatoire , *Eupatorium.*

A Feuilles de Chanvre, *Cannabinum* , f. f. 3107 ;
— les lieux aquatiques.

Santoline , *Santolina.*

Blanchâtre , *Incana* , f. f. 3248 ;—le Pouliguen ,
Guérande.

Diotis , *Diotis.*

Cotonneuse , *Candidissima* , f. f. 3251 ; — anse
de Pornichet , le Pouliguen.

SINGÉNÉSIE POLYGAMIE SUPERFLUE.

Tanaisie , *Tanacetum.*

Commune , *Vulgare* , f. f. 3225 ;—les champs ,
les vignes , les bords de la Loire.

Armoise , *Artemisia.*

Champêtre , *Campestris* , f. f. 3235 ;—dans une
île vis-à-vis Thouaré.

VARIÉTÉ : Maritime , *Maritima* ; — Pornichet.

Commune , *Vulgaris* , f. f. 3238 :—— les champs ,
les vignes.

Maritime , *Maritima* , f. f. 2340 : —— Bourgneuf.

Elychryse, *Elychrysum.*

Stœchas , *Stœchas* , f. f. 3112 ; —— Pornichet ,
Arthon.

Gnaphale , *Gnaphalium.*

Jaunâtre , *Luteoalbum* , f. f. 3114 ; —— les lieux
humides.

Des Bois , *Sylvaticum* , f. f. 3116 ; —— les bords
de l'Erdre , Orvault , Château-Thébaud.

Des Marais , *Uliginosum* , f. f. 3117 ;——les lieux
aquatiques.

D'Allemagne , *Germanicum* , f. f. 3118 ; —— les
champs.

Des Champs , *Arvense* , f. f. 3119 ;——les champs
sabloneux , Pornic.

De France , *Gallicum* , f. f. 3120 ; —— les champs
sabloneux.

De Montagne , *Montanum* , f. f. 3121 ; —— les
lieux secs , les rochers.

Conyse, *Conysa.*

Rude , *Squarrosa* , f. f. 3126.;——les lieux secs ,
le bord des bois.

Vergerette , *Erigeron.*

Acre , *Acre* , f. f. 3131 ; —— forêt de Bougon ,
vignes de la Bouvardière.

Du Canada , *Canadense* , f. f. 3134 ;—les lieux
pierreux.

Tussilage, *Tussilago.*

Pas-d'âne , *Farfara* , f. f. 3163 ; — les vignes
des Cléons , St-Michel.

Seneçon , *Senecio.*

Commun , *Vulgaris* , f. f 3168 ; — les lieux
cultivés.

Visqueux , *Viscosus* , f. f. 3169 ;—rare, le bord
des bois.

Des Bois , *Sylvaticus* , f. f. 3170 ; — les lieux
secs, les bois sabloneux.

Aquatique , *Aquaticus* , f. f. 3174 ;—les bords
de l'Erdre.

A Feuilles de Roquette , *Erucæfolius* , f. f. 3175 ;
— île Videment.

Jacobée, *Jacobea* , f. f. 3173 ; — les prés.

Aster , Aster.

Tripolium , *Tripolium* , f. f. 3137 ;—Paimbœuf,
Donges.

Inule , *Inula.*

Aulnée , *Helenium* , f. f. 3142 ; — les prés de
Buzay, Machecoul.

Britannique , *Britannica* , f. f. 3145 ; — prairie
de Mauves , île Videment.

8*

Pulicaire , *Pulicaria* , f. f. **3147** ; — les lieux
humides.

Dysentérique , *Dysenterica* , f. f. **3146** ; — le
bord des fossés.

A Feuilles de Saule , *Salicina* , f. f. **3150** ; —
les prés , S.ᵗ-Herblon.

Percepierre, *Crithmoïdes,* f. f. **3157** ;—le Croisic ,
Bourgneuf.

Solidage , *Solidago.*

Verge-d'Or , *Virga-Aurea* , f. f. **3160** ;—les bois.

Odorante , *Graveolens* , f. f. **3162** ;— les champs.

Doronic , *Doronicum.*

Plantain , *Plantagineum* , f. f. **3197** ; —taillis du
Portero , les Dervalières , le Pellerin.

Paquerette , *Bellis.*

Vivace , *Perennis* , f. f. **3219** ; — les prés , les
chemins.

Chrysanthème , *Chrysanthemum.*

Leucanthème , *Leucanthemum* , f. f. **3204** ; —
les prés.

Des Bleds , *Segetum* , f. f. **3210** ; — les lieux
cultivés.

Matricaire , *Matricaria.*

Camomille , *Chamomilla,* f. f. **3217** ;—les champs
cultivés.

Pyrèthre , *Pyrethrum.*

Matricaire, *Parthenium,* f. f. 3215 ; — la Basse-
Indre , la Martinière.

Inodore , *Inodorum ,* f. f. 3216 ; — les champs.

Maritime , *Maritimum ,* f. f. 3216 supp. ; —
chaussée de Pembron au Croisic.

Camomille , *Anthemis.*

Mixte, *Mixta,* f. f. 3257 ;—les champs, commune
à Paimbœuf.

Romaine , *Nobilis ,* f. f. 3259 ; — les pâturages.

Des Champs, *Arvensis,* f. f. 3260 ; — les champs.

Cotule , *Cotula ,* f. f. 3261 ; — les champs , les
lieux incultes.

Achillée , *Achillea.*

Sternutatoire, *Ptarmica,* f. f. 3271 ; — les prés
aquatiques.

Millefeuilles , *Millefolium,* f. f. 3280 ; — le bord
des champs.

SYNGÉNÉSIE POLYGAMIE FRUSTRANÉE.

Centaurée , *Centaurea.*

Jacée , *Jacea,* f. f. 3037 ; — les prés.

Noire , *Nigra ,* f. f. 3038 ; — les champs.

Bleuet , *Cyanea ,* f. f. 3045 ; — parmi les bleds.

Scabieuse, *Scabiosa*, f. f. 3049 ; —— Machecoul,
Arthon , Cambon.

Chaussetrape, *Calcitrapa*, f. f. 3064 ; —— le bord
des chemins.

Laineuse , *Lanata*, f. f. 3059 ; ——les lieux secs,
Roche-Maurice.

––––––––––––

SYNGÉNÉSIE POLYGAMIE NÉCESSAIRE.

Souci , *Calendula*.

Des Champs , *Arvensis*, f. f. 3202 ;—les champs,
les vignes.

GYNANDRIE.

20ᵉ Classe.

~~~~~

DIANDRIE.

Orchis , *Orchis*.

A deux Feuilles, *Bifolia*, f. f. 2005 ; —— le bord
des bois.

Pyramidale , *Pyramidalis*, f. f. 2007 ;—les prés ,
Machecoul.

Punais , *Coriophora*, f. f. 2008 ; —— les prés.

Bouffon , *Morio*, f. f. 2009 ; —— les prés , les
pelouses.

Mâle , *Mascula*, f. f. 2010 ; —— les prés.
~~~~~

A Fleurs lâches , *Laxiflora,* f. f. 2011 ; — les
  prés humides.

Brûlé , *Ustulata,* f. f. 2012 ; — les prés.

Fétide , *Hircina,* f. f. 2019 ;—les Cléons , Saffré ,
  les coteaux de Juigné à Ancenis.

A larges Feuilles, *Latifolia,* f. f. 2021 ;—prairie
  de Mauves.

Taché , *Maculata,* f. f. 2022 ; — les prés , les
  bois.

A long Eperon , *Conopsea ,* f. f. 2024 ; — les
  prés marécageux.

Verdâtre, *Viridis,* f. f. 2025 ;—les prés humides.

Ophrys , *Ophrys.*

Araignée , *Arachnites,* f. f. 2032 supp. ; — Ancenis , Machecoul , Escoublac.

Abeille, *Apifera,* f f. 2032 supp. ;—Chémeré ,
  Mouzeil.

Néottie , *Neottia.*

Spirale , *Spiralis,* f. f. 2035 ; — les pelouses.

D'Été , *Estivalis,* f. f. 2036 ; — les prés marécageux.

Epipactis , *Epipactis.*

Des Marais , *Palustris,* f f. 2038 ; — les prés
  marécageux , Machecoul.

A larges Feuilles , *Latifolia,* f. f. 2039 ; — bois
  de la Maillardière.

Ovale , *Ovata*, f. f. 2044 ; — les prés couverts , chemin de la Paclaie , le pont Marchand.

Serapias , *Serapias.*

En Cœur , *Cordigera* , f. f. 2034 ; — baie de la Verrière, le Tertre , la Renardière.

Malaxis , *Malaxis.*

Des Marais, *Paludosa*, Persoon , T. 2, p. 514 ; les marais tourbeux de l'Erdre ; plante nouvelle pour la Flore française.

GYNANDRIE HEXANDRIE.

Aristoloche , *Aristolochia.*

Clématite , *Clematitis* , f. f. 2182 ; — les lieux sabloneux, les bords de la Loire, à Chantenay.

MONOECIE.
21ᵉ Classe.

MONANDRIE.

Gouet , *Arum.*

Commun , *Vulgare* , f. f. 1812; — les haies, les bois.

Zostere , *Zostera.*

Marine , *Marina* , f. f. 1817 ; — S.ᵗ-Nazaire.

Zanichelle , *Zanichella*.

Des Marais , *Palustris* , f. f. 1869 ; — les fossés
aquatiques.

Charagne , *Chara*.

Commune , *Vulgaris* , f. f. 1459 ; — les eaux
stagnantes.

Cotonneuse , *Tomentosa* , f. f. 1460 ;—les mares.

Fragile , *Fragilis* , Flora Gallica , page 375 ; —
les eaux stagnantes.

Capillaire , *Capillacea* , f. f. 1462 ; — les eaux
tranquilles.

Flexible , *Flexilis* , f. f. 1463 ; — les bords de
l'Erdre.

Transparente , *Hyalina* , f f. 1464 supp. ;—les
bords du lac de Grand-Lieu.

A Fruits aggrégés , *Syncarpa* , f. f. 1465 ; —
ruisseau de la Haute-Indre.

MONOECIE DIANDRIE.

Lenticule , *Lemna*.

A trois Lobes , *Trisulca* , f. f. 1468 ; — les eaux
pures.

Exiguë , *Minor* , f. f. 1469 ; — les eaux tranquilles.

Gonflée , *Gibba* , f. f. 1470 ;—les eaux stagnantes.

A plusieurs Racines, *Polyrhiza*, f. f. 1471 ; — les fossés aquatiques.

MONOECIE TRIANDRIE.

Massette, *Typha*.

A larges Feuilles, *Latifolia*, f. f. 1805 ; — les étangs.

A Feuilles étroites, *Angustifolia*, f. f. 1806 ; — la rivière d'Erdre.

Rubanier, *Sparganium*.

Rameux, *Ramosum*, f. f. 1808 ; — les bords de l'Erdre.

Simple, *Simplex*, f. f. 1809 ; — les marais de l'Erdre.

Carex, *Carex*.

Puce, *Pulicaris*, f. f. 1697 ;—prairie de Malleville.

Des Sables, *Arenaria*, f. f. 1702 ;—S.ᵗ-Nazaire.

Distique, *Disticha*, f. f. 1703 ; — les prés humides.

Jaunâtre, *Vulpina*, f. f. 1705 ; — les marais.

Divisé, *Divisa*, f. f. 1706 ; — Machecoul, Saint-Nazaire.

Écarté, *Divulsa*, f. f. 1707 ; — les haies, les bois.

Rude, *Muricata*, f. f. 1708 ;—les prés humides.

Verdâtre, *Virens*, f. f. 1709 ; — les haies, les bois.

En Panicule, *Paniculata*, f. f. 1715 ;—les bords de l'Erdre.

Ovale, *Ovalis*, f. f. 1718 ; — les prés humides.

De Schreber, *Schreberi*, f. f. 1719 ; — prairie de Mauves.

Court, *Curta*, f. f. 1721 ; — les marais tourbeux de l'Erdre.

Étoilé, *Stellulata*, f. f. 1722 ; — les prés marécageux.

Espacé, *Remota*, f. f. 1723 ;—les lieux humides.

En Gazon, *Cœspitosa*, f. f. 1728 ; — les prés aquatiques.

Roide, *Stricta*, f. f. 1729 ; — les marais.

Grêle, *Gracilis*, f. f. 1730 ;—le bord des marais.

Précoce, *Precox*, f. f. 1731 ; — les prés secs.

Pilulifère, *Pilulifera*, f. f. 1734 ;—les bois secs.

Glauque, *Glauca*, f. f. 1743 ; — les pâturages humides.

Hérissé, *Hirta*, f. f. 1744 ; —les lieux humides et sabloneux.

Jaune, *Flava*, f. f. 1745 ; — le bord des marais.

Étendu, *Extensa*, f. f. 1745 suppl. ;—le Croisic.

Distant, *Distans*, f. f. 1756 ; — les marais de Machecoul.

A deux Nervures, *Binervis*, f. f. 1755 suppl. ; — Sautron.

A double Languette, *Biligularis*, f. f. 1756 suppl. ; prés humides au pont du Cens.

Pâle , *Palescens*, f. f. 1758 ;—les bois humides.

Panic , *Panicea* , f. f. 1759 ; — les prés aquatiques.

Étalé , *Patula* , f. f. 1760 ; — les bois.

Maigre , *Strigosa* , f. f. 1754 suppl. ; — sur un fossé près Bouguenais

Faux-Souchet , *Pseudo-Cyperus* , f. f. 1761 ;— les prés marécageux.

En Vessie, *Vesicaria* , f. f. 1763 ; —les marais.

Ampoulé , *Ampullacea* , f. f. 1764 ; — baie de la Verrière.

Des Rives , *Riparia* , f. f. 1765 ; — le bord des ruisseaux.

MONOECIE TETRANDRIE.

Littorelle, *Littorella*.

Des Étangs , *Lacustris* , f. f. 2317 ; — les bords de l'Erdre.

Bouleau , *Betula*.

Blanc , *Alba* , f. f. 2106 ; — les bois.

Aulne , *Alnus*.

Glutineux, *Glutinosa* , f. f. 2109 ; — le bord des eaux.

Buis , *Buxus*.

Toujours verd , *Sempervirens* , f. f. 2176 ; — les
coteaux de Mauves.

Ortie , *Urtica*.

Dioique , *Dioica* , f. f. 2132 ; — les champs , les
chemins.

Brûlante , *Urens* , f. f. 2133 ; — les lieux incultes.

A Pilules , *Pilulifera* , f. f. 2134 ; — le Pouliguen ,
le Croisic.

MONOECIE PENTANDRIE.

Lampourde , *Xanthium*.

Gloutteron , *Strumarium* , f. f. 2139 ; — la prairie
de Mauves , Machecoul.

Amaranthe , *Amaranthus*.

Blette , *Blitum* , f. f. 2282 ; — les décombres ,
les jardins.

Sauvage , *Sylvestris* , f. f. 2282 suppl. ; — les
décombres , les rues.

Couchée , *Prostratus* , f. f. 2283 suppl. ; — commune à Nantes le long des murs.

MONOECIE POLYANDRIE.

Cornifle, *Ceratophyllum.*

Nageant, *Demersum*, f. f. 3653 ; — les étangs, les rivières.

Submergé, *Submersum*, f. f. 3654 ; — les fossés aquatiques.

Volant d'eau, *Myriophyllum.*

A Épis, *Spicatum*, f. f. 3658 ; — les bords de l'Erdre.

Verticillé, *Verticillatum*, f. f. 3659 ;—les étangs, les fossés.

Sagittaire, *Sagittaria.*

En Flèche, *Sagittifolia*, f. f. 1889 ;—les bords de la Loire, les fossés.

Pimprenelle, *Poterium.*

Sanguisorbe, *Sanguisorba*, f. f. 3718 ;—les lieux secs , la côte St-Sébastien.

Chêne, *Quercus.*

A Grappes, *Racemosa*, f. f. 2116 ; — les bois , les haies.

Sessile, *Sessiliflora*, f. f. 2117 ; — les bois , les haies.

Tauzin, *Toza*, f. f. 2117 suppl. ; — commune dans les bois d'Orvault.

Cerris , *Cerris* , f. f. 2118 ; — route de Paris , au Plessis-Tison , route de Rennes , au pont du Cens.

Hêtre , *Fagus*.

Des Forêts , *Sylvatica* , f. f. 2113 ; — forêt du Gâvre.

Châtaigner , *Castanea*.

Ordinaire , *Vulgaris* , f. f. 2114 ; — commun à Orvault , à la Chapelle-sur-Erdre.

Charme , *Carpinus*.

Commun , *Betulus* , f. f. 2112 ; — forêt du Gâvre.

Coudrier , *Corylus*.

Noisettier , *Avellana* , f. f. 2115 ; — les bois , les haies.

MONOECIE MONADELPHIE.

Pin , *Pinus*.

Sauvage , *Sylvestris* , f. f. 2054 ; — naturalisé dans la forêt de Bougon.

Maritime , *Maritima* , f. f. 2057 ; — naturalisé à S.ᵗ-Nazaire.

MONOECIE SYNGÉNÉSIE.

Bryone , *Bryonia*.

Dioïque , *Dioica* , f. f. 2822 ; — les haies.

9*

DIOECIE.

22ᵉ Classe.

......

MONANDRIE.

Nayade , *Nayas*.

Vulgaire , *Major* , f. f. 1466 ; — les bords de la Loire.

Fluette , *Minor* , f. f. 1467 ; — les bords de la Loire.

DIOECIE DIANDRIE.

Saule , *Salix*.

Blanc , *Alba* , f. f. 2071 ; — le bord des prés.

Jaune , *Vitellina* , f. f. 2072 ; — les bords de la Sèvre.

A trois Étamines , *Triandra* , f. f. 2074 ; — les bords de la Sèvre.

Amandier , *Amygdalina* , f. f. 2075 ; — île Videment.

Fragile , *Fragilis* , f. f. 2080 ; — les bords de la Loire.

Cendré , *Cinerea* , Linnée *Rufinervis* , f. f. 2084 suppl. ; — commun dans les haies.

Marceau , *Capræa* , f. f. 2084 ; — les bois.

A Oreillettes , *Aurita* , f. f. 2085 ; — les lieux aquatiques.

Déprimé, *Depressa*, f. f. 2093 suppl. ; — les lieux
   marécageux.

A longues Feuilles, *Viminalis*, f. f. 2098 ; —
   le bord des rivières.

A une Étamine, *Monandra*, f. f. 2099 ; — les
   bords de la Loire.

DIOECIE TETRANDRIE.

Guy, *Viscum*

A Fruits blancs, *Album*, f. f. 3399 ; —parasite
   sur les arbres, principalement sur le pommier.

Myrica, *Myrica*.

Gale , *Gale*, f. f. 2105; — les marais de l'Erdre.

DIOECIE PENTANDRIE.

Houblon , *Humulus*.

Grimpant, *Lupulus*, f. f. 2131 ; — les haies.

DIOECIE HEXANDRIE:

Tamme , *Tamus*.

Commun, *Communis*, f. f. 1868 ; — les haies ,
   les bois.

DIOECIE OCTANDRIE.

Peuplier , *Populus*.

Tremble, *Tremula*, f. f. 2102 ; — les bois.

Noir , *Nigra*, f. f. 2103 ; — les bords de la Loire.

DIOECIE ENNEANDRIE.

Mercuriale , *Mercurialis*.

Vivace , *Perennis*, f. f. 2141 ; — taillis du Portero , Vertou, Orvault.

Annuelle , *Annua*, f. f. 2142 ; — les lieux cultivés.

Hydrocharis , *Hydrocharis*.

Morène , *Morsus Ranœ*, f. f. 2051 ; — les eaux tranquilles.

DIOECIE MONADELPHIE.

Génevrier , *Juniperus*.

Commun , *Communis*, f. f. 2065 ; — commun dans la lande de la Merlerie, route de Vannes.

Ephedra , *Ephedra*.

Double Épis , *Distachya*, f. f. 2070 ; — sur le sable au Pouliguen.

DIOECIE SYNGÉNÉSIE.

Fragon , *Ruscus.*

Piquant , *Aculeatus ,* f. f. 1866 ; — les haies ,
les bois.

POLYGAMIE.

23ᵉ Classe.

~~~~~

MONOECIE.

Houque , *Holcus.*

Laineux, *Lanatus,* Linnée *Avena Lanata,* f. f. 1563 ;
— les prés.
Mol , *Mollis* , Linnée *Avena Mollis ,* f. f. 1564 ;
— les lieux secs.

Barbon , *Andropogon.*

Pied de Poule, *Ischœmum ,* f. f. 1688 ;—coteaux
d'Oudon.

Rotbolle , *Rotbolla.*

Courbée , *Incurvata ,* f. f. 1653 ; — Paimbœuf,
Pornic , S.ᵗ-Nazaire.

Valantie , *Valantia.*

Croisette, *Cruciata ,* Linnée, f. f. 3351, *Galium
Cruciatum ;* — les haies , les buissons.
~~~~~

Pariétaire , *Parietaria*.

Officinale, *Officinalis*, f. f. 2135 ; — les murailles, les décombres.

Arroche , *Atriplex*.

Halime , *Halimus*, f. f. 2244 ; — Méans , Guérande , Bourgneuf.

Pourpier , *Portulacoïdes*, f. f. 2245 ; — le Pouliguen, Bourgneuf.

A Rosette , *Rosea*, f. f. 2248 ; — le Pouliguen , Bourgneuf.

En fer de Lance , *Hastata*, f. f. 2250 ; — les champs , les chemins.

Couchée , *Prostrata*, f. f. 2251 ; — Pornic.

Étalée , *Patula*, f. f. 2251 supp. ; — Piriac.

A Feuilles opposées , *Oppositifolia*, f. f. 2251 supp. ; — Montoire , Bourgneuf.

A Feuilles étroites, *Angustifolia*, f. f. 2252 supp.; — les chemins, les champs.

Des Rives , *Littoralis*, f. f. 2253 ; — Pornic , S.ᵗ-Nazaire.

Érable , *Acer*.

Champêtre, *Campestre*, f. f. 4587 ; — les bois, les haies.

POLYGAMIE DIOECIE.

Frêne , *Fraxinus*.

Élevé , *Excelsior*, f. f. 2465 ;—les lieux humides.

CRYPTOGAMIE.

24ᵉ Classe.

PRÊLES.

Prêle, *Equisetum.*

Des Champs , *Arvense,* f. f. 1453 ; — les prés
sabloneux.

Des Bourbiers, *Limosum,* f. f. 1456 ;—les marais
de l'Erdre.

Des Marais , *Palustre ,* f. f. 1457 ; — les prés
marécageux.

Tubéreuse , *Tuberosum ,* f. f. 1457 supp. ; —
bords de la Loire , île Videment.

LYCOPODIENNES.

Lycopode , *Lycopodium.*

A Massue , *Clavatum,* f. f. 1442 ; — pont du
Cens , baie de la Verrière , pont de Forge.

RHIZOSPERMES.

Marsile , *Marsilea.*

A quatre Feuilles , *Quadrifolia,* f. f. 1450 ; —
marais de S.ᵗ-Julien, pont de Caillèro, Sucé.

Pilulaire , *Pilularia.*

A Globules , *Globulifera* , f. f. 1449 ; — sur le bord des mares.

FOUGÈRES.

Ophioglosse , *Ophioglossum.*

Vulgaire , *Vulgatum* , f. f. 1438 ; — prairie de Mauves , Machecoul.

Osmonde , *Osmunda.*

Royale , *Regalis* , f. f. 1436 ; — les bords de l'Erdre.

Blechnum , *Blechnum.*

A Épis , *Spicans* , f. f. 1405 ; — les lieux aquatiques , les bords de l'Erdre.

Pteris , *Pteris.*

Aigle impérial , *Aquilina* , f. f. 1403 ; — les bois , les lieux stériles.

Scolopendre , *Scolopendrium.*

Officinale , *Officinale* , f. f. 1406 ; — les puits , le bord des ruisseaux.

Doradille , *Asplenium.*

Politric , *Trichomanes* , f. f. 1410 ; — sur les vieux murs , sur les rochers.

Maritime , *Marinum* , f. f. 1412 ; — Pornic ,
S.ᵗ-Nazaire.

Des Murs , *Ruta Muraria* , f. f. 1413 ; — murs
du parc des Dervallières, murs de la Haute-
Indre.

Noire , *Adianthum - Nigrum* , f. f. 1414 ; — les
haies , les bois humides.

Athyrium , *Athyrium.*

Fougère femelle , *Filix fœmina* , f. f. 1415 ; —
les bois humides.

Polystic , *Polysticum.*

Fougère mâle, *Filix mas* , f. f. 1419 ; — les bois.

A Aiguillon, *Aculeatum* , f. f. 1423; — les haies ,
les bois.

Dilaté , *Dilatatum* , f. f. 1424 supp. ; — sur les
murs.

Calliptère, *Callipteris* , f. f. 1426 ; — prés marécageux, au pont du Cens.

Thelyptère , *Thelypteris* , f. f. 1427 ; — baie de
la Verrière , les Cléons.

Polypode , *Polypodium.*

Commun, *Vulgare* , f. f. 1429 ; — les murs, les
rochers , les arbres.

Cétérach , *Ceterach.*

Des Boutiques , *Officinarum* , f. f. 1433 ; — sur
les murs, Vertou, S.ᵗ-Sébastien, Chantenay.

10

CRYPTOGAMIE MOUSSES.

Phasque , *Phascum.*

Pointu , *Cu pidatum ,* f. f. **1172** ; — sur la terre
humide.

En Alène , *Subulatum ,* f. f. **1177** ;—les chemins ,
au bord des fossés.

Axillaire , *Axillare ,* f. f. **1172** supp. ; — sur la
terre.

Sphaigne , *Sphagnum.*

A larges Feuilles , *Latifolium ,* f. f. **1178** ;—les
marais.

Pointu , *Cuspidatum ,* f. f. **1179** supp. ; — les
marais.

Gymnostôme , *Gymnostomum.*

Cilié , *Ciliatum ,* f. f. **1184** ; — sur les rochers ,
chemin de Vertou.

Pyriforme , *Pyriforme ,* f. f. **1185** ;—les fossés ,
les jardins.

Tronqué , *Truncatum ,* f. f. **1186** ; — les champs ,
les chemins.

En Faisceau , *Fasciculare ,* f. f. **1185** supp. ;—
sur la terre.

Intermédiaire , *Intermedium ,* f. f. **1187** supp. ;
sur les fossés.

Éteignoir , *Encalypta*.

Vulgaire , *Vulgaris* , f. f. 1200 ; — murs de la
rue Noire , à Nantes.

VVeissie , *Weissia*.

A Crochets , *Cirrhata* , f. f. 1204 ; — les bois ,
les gazons.

Contestée , *Controversa* , f. f. 1205 ;—les terrains
humides.

Mucronée , *Mucronulata* ; — Bruch , coteaux de
la Conterie.

Grimmie , *Grimmia*.

Sessile , *Apocarpa* , f. f. 1211 ;—les rochers de
la côte St-Sébastien.

Ptérogone , *Pterigynandrum*.

Délié , *Gracile* , f. f. 1217 ; — sur les murs.

Trichostôme , *Trichostomum*.

Blanchâtre , *Canescens* , f. f. 1228 ;—carrières
de la Conterie.

Laineux , *Lanuginosum* , f. f. 1229 ; — carrières
de la Conterie.

Unilatéral , *Heterostichum* , f. f. 1230 ;—carrières
de la Conterie.

Dentelé , *Serratum* , f. f. 1232 ; — carrières de
la Conterie.

Fontinale, *Fontinaloïdes*, f. f. 1234 ; — bords de la Loire et de la Sèvre.

Dicrane, *Dicranum.*

En Balai, *Scoparium*, f. f. 1235 ; — les bois.

Unilatéral, *Heteromallum*, f. f. 1237 ; — sur la terre, sur les arbres.

Glauque, *Glaucum*, f. f. 1247 ; — les bois.

Purpurin, *Purpureum*, f. f. 1248 ; —sur la terre.

A long Bec, *Longirostrum*, f. f. 1236 supp. ;— les bords de l'Erdre.

Coussinet, *Pulvinatum*, f. f. 1253 ;—les murs, les toits.

Queue d'Écureuil, *Sciuroides*, f. f. 1254 ;—sur les arbres.

Verdoyant, *Viridulum*, f. f. 1255 ; — sur la terre, dans les lieux ombragés.

A Feuilles d'if, *Taxifolium*, f. f. 1256 ;—forêt de S.ᵗ-Aignan.

Adianthe, *Adianthoïdes*, f. f. 1257 ; — forêt de S.ᵗ-Aignan.

Tortule, *Tortula.*

En Alêne, *Subulata*, f. f. 1258 ; — les fossés, les bois.

Des Murs, *Muralis*, f. f. 1260 ; — sur les murs.

Des Champs, *Ruralis*, f. f. 1262 ; — les murs, les troncs.

Roide, *Rigida*, f. f. 1263 ; — les murs.

Ongle d'Oiseau , *Unguiculata* , f. f. **1265** ; — les murs , les lieux secs.

Trompeuse , *Fallax* , f. f. **1266** ; — les murs.

Enveloppée , *Convoluta* , f. f. **1267** ;—les murs.

Polytric , *Polytrichum.*

Arrondi , *Subrotundum* , f. f. **1269** ; — les bois arides.

A Feuilles d'Aloès , *Aloïdes* , f. f. **1271** ; — les bois.

Commun , *Commune* , f. f. **1272** ; — les bois.

A Poil blanc , *Piliferum* , f. f. **1273** ; — les lieux secs , les fossés.

Roide , *Strictum* , f. f. **1274** ;— les lieux arides.

A Urne , *Urnigerum* , f. f. **1280** ; — les bois.

Oligotric , *Oligotrichum.*

Ondulé , *Undulatum* , f. f. **1281** ; — les lieux ombragés.

Orthotric , *Orthotrichum.*

Irrégulier , *Anomalum* , f. f. **1283** ; — sur les rochers de la Basse-Indre.

Hémisphérique , *Cupulatum* , f. f. **1284** ; — sur les rochers de la Basse-Indre.

Strié , *Striatum* , f. f. **1286** ; — sur les arbres.

Diaphane , *Diaphanum* , f. f. **1287** ; — sur les arbres , à Indret.

Crêpu , *Crispum* , f f. **1288** ; — sur les arbres.

Funaire, *Funaria.*

Hygrométrique, *Hygrometrica*, f. f. 1289 ; — sur la terre, le long des murs.

Bry, *Bryum.*

Argenté, *Argenteum*, f. f. 1300 ; — les murs, les toits.

Des Marais, *Palustre*, f. f. 1303 ; — les prés marécageux.

En Gazon, *Cœspititium*, f. f. 1304 ;—les murs, les toits.

Capillaire, *Capillare*, f. f. 1305 ;—au bord des fossés.

En Étoile, *Stellatum*, f. f. 1310 ; — les bois marécageux.

Bry ponctué, *Brygum punctatum*, f. f. 1311 ; les prés humides.

En Lanière, *Ligulatum*, f. f. 1315 ; — les lieux humides.

Barthramie, *Barthramia.*

Vulgaire, *Vulgaris*, f. f. 1316 ; — sur la terre et les rochers.

Des Fontaines, *Fontana*, f. f. 1320 ; — les lieux marécageux.

Leskée, *Leskea.*

Trichomane, *Trichomanoides*, f. f. 1325 ; — bois de la Lombarderie.

Applatie, *Complanata*, f. f. 1326 ; — sur les
    arbres , aux Essongères.

Multiflore , *Polyantha*, f. f. 1329 ; — sur les
    arbres , bois de l'Ebaupin.

Soyeuse , *Sericea*, f. f. 1331 ; — sur les troncs
    d'arbres.

Arbrisseau , *Dendroides*, f. f. 1332 ; — au bas
    des coteaux de Bouguenais.

Luisante , *Lucens*, f. f. 1324 ; — bois de
    l'Ebaupin.

Hypne , *Hypnum*.

Tamarix, *Tamariscinum*, f. f. 1334 ; —les bois,
    les prés.

Éclatant, *Splendens*, f. f. 1335 ; — chemin de
    la Paclais.

Alongé, *Prelongum*, f. f. 1337 ; — les bois,
    sur les troncs.

Pointu , *Cuspidatum*, f. f. 1339 ; — prairie de
    la Sausinière.

En Cœur, *Cordifolium*, f. f. 1340 ; — les fossés,
    les marais.

Pur , *Purum*, f. f. 1342 ; — sur la terre , dans
    les bois.

Plumet, *Crista Castrensis*, f. f. 1349 ;—les bois
    humides.

Cyprès, *Cupressiforme*, f. f. 1352;—sur la terre,
    les rochers, les arbres.

Des Marais, *Palustre*, f. f. 1354 ;—ruisseau de
    Grilleau.

Courroie, *Loreum*, f. f. 1361; — dans une châtaigneraie à la Maronnière.

Hérissé, *Squarrosum*, f. f. 1364; — prairie de la Sausinière.

Triangulaire, *Triquetrum*, f. f. 1367; —les bois, les prés, Oudon, Vertou.

Fourgon, *Rutabulum*, f. f. 1368; — les bois.

Jaunâtre, *Lutescens*, f. f. 1370; — les murs, les rochers.

Paillet, *Stramineum*, f. f. 1373; — les bois aquatiques.

Queue de Souris, *Myurum*, f. f. 1374; — sur les arbres, sur les rochers.

Queue de Renard, *Alopecurum*, f. f. 1376; — taillis du Portero.

Traînant, *Serpens*, f. f. 1379; — les haies.

Verd, *Viride*, f. f. 1380; — les bois.

Velouté, *Velutinum*, f. f. 1382; — les bois, les prés.

Des Murs, *Murale*, f. f. 1385; — sur les murs, les pierres.

Fragon, *Rusciforme*, f. f. 1386; — bords de de la Sèvre à Vertou.

Des Rives, *Riparium*, f. f. 1383; —les fontaines.

Ondulé, *Undulatum*, f. f. 1388; — sous des châtaigniers, près le pont Marchand, à Orvault.

Des Bois, *Sylvaticum*, f. f. 1389; — bois de l'Ebaupin.

Dentelé , *Denticulatum ,* f. f. 1390 ; — bois de
l'Ebaupin.

Neckère , *Neckera.*

Sarmenteuse , *Viticulosa ,* f. f. 1392 ;— taillis du
Portero.

Crêpue, *Crispa ,* f. f. 1394 ;—route de la Paclais ,
près le pont Marchand.

Empennée, *Pennata ,* f. f. 1395 ;—les Dervalières.

Unilatérale , *Heteromalla ,* f. f. 1396 ; — sur les
troncs d'arbres.

Fontinale , *Fontinalis.*

Incombustible , *Antipyretica ,* f. f. 1397 ; — le
bord des ruisseaux.

CRYPTOGAMIE HÉPATIQUES.

Riccie , *Riccia.*

Flottante , *Fluitans ,* f. f. 1123 ; — les étangs ,
les mares.

Poreuse, *Cavernosa ,* f. f. 1125 ;—sur les fossés.

Glauque , *Glauca ,* f. f. 1126 ; — sur les fossés.

Bifurquée , *Bifurca ,* f. f. 1127 ; —dans les mares
desséchées.

Targione, *Targionia.*

Hypophylle, *Hypophylla*, f. f. 1129 ; — sur les murs.

Anthocère, *Anthoceros.*

Lisse, *Levis*, f. f. 1132 ;—sur le bord des fossés aquatiques.

Marchantie, *Marchantia.*

Protée, *Polymorpha*, f. f. 1133 ; — le bord des ruisseaux , cour de la préfecture à Nantes.

Croisette, *Cruciata*, f. f. 1138 ; — les lieux ombragés et humides.

Jongermanne, *Jungermannia.*

Épiphylle, *Epiphylla*, f. f. 1139 ; — sur la terre dans les lieux humides.

Fourchue, *Furcata*, f. f. 1142 ; — sur les arbres, aux Essongères.

Fluette, *Pusilla*, f. f. 1145 ; — sur la terre au pont du Cens.

A deux Dents, *Bidentala*, f. f. 1150 ; — sur la terre , dans les bois.

Doradille, *Asplenivides*, f. f. 1155 ; — taillis du Portero.

A larges Feuilles, *Platyphylla*, f. f. 1159 ; — sur les murs.

Tamarix, *Tamarisci*, f. f. 1160 ;—sur les arbres.

Dilatée , *Dilatata ,* f. f. 1161 ; — sur les troncs
d'arbres.

Applatie , *Complanata ,* f. f. 1162 ; — sur les
arbres.

Des Bois , *Nemorosa ,* f. f. 1163 ; — les bois
humides.

Ondulée, *Undulata ,* f. f. 1164 ; — sur les rochers
du pont Marchand.

Blanchâtre , *Albicans ,* f. f. 1166 ; — les lieux
frais et ombragés.

CRYPTOGAMIE ALGUES.

Nostoch , *Nostoch.*

Commun , *Commune ,* f. f. 1 ; — sur la terre
humide.

Rivulaire , *Rivularia.*

Glissante , *Lubrica ,* f. f. 8 supp. ; — les étangs ,
les eaux stagnantes.

Ulve , *Ulva.*

Cotonneuse , *Tomentosa ,* f. f. 12 ;—la Turballe.

Articulée , *Articulata ,* f. f. 13 ; — le Croisic.

Raquette, *Opuntia ,* Encyclopédie T. 8 , p. 178 ;
S.ᵗ-Nazaire.

Comprimée, *Compressa*, f. f. 14 ; — St-Nazaire.

Intestinale, *Intestinalis*, f. f. 15 ; — Pornic, St-Nazaire.

Ridée, *Rugosa*, f. f. 16 ; — la Turballe.

Naine, *Minima*, f. f. 17 ; — chaussée de Versailles, dans une mare.

Ombiliquée, *Umbilicalis*, f. f. 18 ; — le bourg de Batz.

Pourpre, *Purpurea*, f. f. 19 ; — St-Nazaire.

Laitue, *Lactuca*, f. f. 20 ; — St-Nazaire.

Ruban, *Linza*, f. f. 22 ; — St-Nazaire.

Tortillée, *Contorta*, f. f. 23 ; — la Turballe.

Bifurquée, *Dichotoma*, f. f. 25 ; — le bourg de Batz.

Annulaire, *Ocellata*, f. f. 26 ; — la Turballe.

Palmée, *Palmata*, f. f. 27 ; — la Turballe.

Comestible, *Edulis*, f. f. 28 ; — la Turballe.

Interrompue, *Interrupta*, f. f. 29 supp. ; — S.-Nazaire.

Crêpue, *Crispa*, f. f. 30 ; — St-Nazaire.

Polypode, *Polypodioïdes*, f. f. 32 ; — la Turballe.

Fougère, *Phyllitis*, f. f. 33 ; — St-Nazaire.

Sucrée, *Succharina*, f. f. 34 ; — St-Nazaire.

Digitée, *Digitata*, f. f. 35 ; — St-Nazaire.

Bulbeuse, *Bulbosa*, f. f. 36 ; — St-Nazaire.

Queue de Paon, *Pavonia*, f. f. 37 ; — la Turballe.

Nostoch, *Nostoch*, f. f. 13 supp. ;—la Turballe.

En Bulle, *Bullata*, f. f. 13 supp. ;—la Turballe.

Vermisseau, *Helminthoïdes*, Encyclopédie T. 8, p. 178 ; — le bourg de Batz.

Varec, *Fucus*.

Vésiculeux, *Vesiculosus*, f. f. 39 ; — S.ᵗ-Nazaire.

Spiral, *Spiralis*, f. f. 40 ; — S.ᵗ-Nazaire.

Cornu, *Ceranoïdes*, f. f. 41, — S.ᵗ-Nazaire.

Dentelé, *Serratus*, f. f. 43 ; — S.ᵗ-Nazaire.

En Gouttière, *Canaliculatus*, f. f. 45 ; — Saint-Nazaire.

A Silique, *Siliquosus*, f. f. 46 ; — S.ᵗ-Nazaire.

A Nœuds, *Nodosus*, f. f. 47 ; — S.ᵗ-Nazaire.

Lombric, *Lumbricalis*, f. f. 49 ; — S.ᵗ-Nazaire.

Bifurqué, *Bifurcatus*, f. f. 50 ; — S.ᵗ-Nazaire.

Courroie, *Loreus*, f. f. 51 ; — S.ᵗ-Nazaire.

Fibreux, *Fibrosus*, f. f. 52 ; — la Turballe.

Barbu, *Barbatus*, f. f. 55 ; — la Turballe.

Granulé, *Granulatus ;* Linnée *Cystoscira Granulata ;* Bonaticum Gallicum, p. 936 ;—Saint-Nazaire.

Bruyère, *Ericoïdes*, f. f. 53 ; — le bourg de Batz.

A Feuilles d'Aurone, *Abrotanifolius*, f. f. 56 ; — S.ᵗ-Nazaire.

Palmette, *Palmetta ;* Esp. *Halymenia Palmetta ;* Botanicum Gallicum, p. 943 ;—S.ᵗ-Nazaire.

A Feuilles membraneuses, *Membranifolius;* Turn. *Halimia Membranifolia ;* Botanicum Galli-cum , p. 943 ; —— S.ᵗ-Nazaire.

Cilié , *Ciliatus ,* f. f. 63 supp. ; —— la Turballe.

de Guernesey , *Sarniensis;* Mat. *Halymenia Sar-niensis;* Botanicum Gallicum , p. 944 ; ——le bourg de Batz.

Déchiré , *Laceratus ,* f. f. 63 ; —— S.ᵗ-Nazaire.

De Norwége , *Norvegicus ,* f. f. supp. 63 ; —— S.ᵗ-Nazaire.

En Langue , *Hypoglossum ;* Woodw *Delesseria Hypoglossum;* Botanicum Gallicum, p. 946 ; —— le bourg de Batz.

Sanguin , *Sanguineus ,* f. f. **61** ; —— le bourg de Batz.

Aîlé , *Alatus ,* f. f. 64 ; —— le bourg de Batz.

Hybride , *Hybridus ,* f. f. 67 ; ——la Turballe.

Pinnatifide , *Pinnatifidus ,* f. f. 68 ;——la Turballe.

Osmonde , *Osmunda ,* f. f. 69 ; —— la Turballe.

Écarlate , *Plocamium ,* f. f. 70 ; ——le bourg de Batz.

Plumeux , *Plumosus ,* f. f. **71** ; —— la Turballe.

Hypne , *Hypnoïdes ,* f. f. 73 ; —— le Croisic.

Corné , *Corneus ,* f. f. 74 ; ——la Turballe.

En Massue , *Clavatus ;* Lamour, *Galidium Cla-vritum ;* Botanicum Gallicum , p. 948 ; —— S.ᵗ-Nazaire.

Cartilagineux , *Cartilagineus ;* Linnée *Gelidium Cartilagineum;* Botanicum Gallicum, p. 948.

Corne de Cerf, *Coronapifolius* , f. f. 75 ;—Saint-Nazaire.

Coriace , *Gigartinus* , f. f. 76 ; — S.¹-Nazaire.

Aiguille, *Acicularis ;* Wulf. *Gigartina Acicularis ;* Botanicum Gallicum, p. 953 ;—la Turballe.

De Griffths, *Griffthsii ;* Encyclopédie, suppl. T. 5, page 445 ; — S.¹-Michel.

Rond , *Rotundus ;* Gmel. *Polydes Rotunda ;* Botanicum Gallicum , p. 953 ; — S.¹-Nazaire.

Brun-Foncé , *Subfuscus ;* Encyclopédie , T. 8 , p. 395 ; — le bourg de Batz.

A Aiguillon , *Aculeatus ,* f. f. 78 ; — S.¹-Nazaire.

En Languette, *Ligulatus ,* f. f. 79 ;—la Turballe.

Conferve, *Confervoides ,* f. f. 66 ; — la Turballe

Plié , *Plicatus ,* f. f. 87 ; — Pornic.

Pygmée, *Pygmeus ,* f. f. 59 supp. ;—S.¹-Nazaire.

Kali, *Kaliformis ,* f. f. 84 supp. ; — le bourg de Batz.

Fruticuleux , *Fruticulosus ;* Wulf. *Polysiphonia Fruticulosa ;* Botanicum Gallicum , p. 965 ; — la Turballe.

Ceramium , *Ceramium.*

Éponge , *Spongiosum ,* f. f. 89 ; — la Turballe.

Verticillé , *Verticillatum ,* f. f 90 ;—la Turballe.

A Feuilles de Prêle , *Equisetifolium ,* f. f. 91 ; — la Turballe.

Casuarina , *Casuarinœ ,* f. f. 93 ; — S.¹-Nazaire.

Écarlate , *Coccineum* , f. f. 95 ; — S.ᵗ-Nazaire.

Thuya, *Thuyoides ;* Botanicum Gallicum, p. 970 ;
— S.ᵗ-Nazaire.

En Balai , *Scoparium* , f f. 96 ; — S.ᵗ-Nazaire.

Chaînette , *Catenatum*, f. f. 98 ; — la Turballe.

De Mertens , *Mertensii*, f. f. supp. 100 ; —
S.ᵗ-Nazaire.

Courbé , *Incurvum* , f. f. 101 ; — la Turballe.

En Pinceau , *Penicillatum* , f. f. 102 ;—le bourg
de Batz.

Des Rochers , *Rupestre* , f. f. 100 ;—S.ᵗ-Nazaire.

Alongé , *Elongatum* , f. f. 104 ; — Pornichet.

Changeant , *Polymorphum*, f. f. 106 ; — la Turballe.

Noueux , *Nodulosum* , f. f. 107 ; — S.ᵗ-Nazaire.

Rouge , *Rubrum* , Botanicum Gallicum, p. 967 ;
— la Turballe.

Coralme, *Corallinum*, Botanicum Gallicum, p. 968 ;
— la Turballe.

Axillaire , *Axillare* , f. f. 108 ; — la Turballe.

En Forceps , *Forcipatum*, f. f. 110 ; — la Turballe.

Sombre , *Tetricum* , Botanicum Gallicum , p. 968 ;
— la Turballe.

Tetragone , *Tetragonum* , Botanicum Gallicum ,
p. 968 ; — la Turballe.

Lacet , *Filum* , f. f. 111 ; — le Croisic.

Capillaire , *Capillare* , f. f. 113 ; — S.ᵗ-Nazaire.

Chantransie, *Chantransia.*

Fluviatile, *Fluviatilis*, f. f. 118 ; — sur les rochers
    du pont Marchand

Pelotonnée, *Glomerata*, f. f. 121 ;—les ruisseaux.

Des Ruisseaux, *Rivularis*, f. f. 122 ;—les étangs,
    les ruisseaux.

Conferve, *Conferva.*

Conjuguée, *Jugalis*, f. f. 125 ; — les fossés aqua-
    tiques.

A Portiques, *Porticalis*, f. f. 126 ; — les fossés
    aquatiques.

Jaunâtre, *Lutescens*, f. f. 132 ; — les fossés
    aquatiques.

Batrachosperme, *Batrachospermum.*

Pelotonné, *Intricatum*, f. f. 142 ;—les fontaines.

En Plume, *Plumosum*, f. f. 143 ;—les fontaines.

En Houppe, *Glomeratum*, f. f. 144 ; — les eaux
    courantes.

A Collier, *Moniliforme*, f. f. 145 ;—les ruisseaux.

Hydrodyctie, *Hydrodyctia.*

Pentagone, *Pentagonum*, f. f. 147 ; — les ruis-
    seaux, les fontaines.

11*

Vaucherie , *Vaucheria*.

Terrestre , *Terrestris* , f. f. 152 ; — sur la terre.

Gazonnée , *Cœspitosa* , f. f. 155 ; — au fond des ruisseaux.

Hydrogastre , *Hydrogastrum*.

Granulé, *Granulatum*, Botanicum Gallicum, p. 975 ; — le bord des marais.

Oscillaire , *Oscillaria*.

Apparente, *Princeps*, Botanicum Gallicum, p. 993 ; — dans les eaux tranquilles.

D'Automne , *Autumnalis* , Chauvir Algues de Normandie , n° 29 ; — sur la terre, au bas des murs.

CRYPTOGAMIE.

HYPOXYLONS.

Rhizomorphe , *Rhizomorpha*.

Fragile , *Fragilis* , f. f. 751 ; — sur les arbres , entre le bois et l'écorce.

Crin de Cheval , *Setiformis* , f. f. 752 ; — dans les caves et sur les feuilles mortes.

Sphérie , *Sphæria.*

Militaire, *Militaris*, f. f. 753 ; — sur la terre.

Cornue , *Cornuta* , f. f. 755 ; — sur les vieux pieux , les poutres.

Digitée , *Digitata* , f. f. 757 ; — sur le bois.

Concentrique, *Concentrica*, f. f. 758 ; — sur les frênes.

Grenue, *Granulosa*, f. f. 761 ; — sur le bois mort.

Du Coudrier, *Coryli* , f. f. 765 ; — sur le coudrier.

Brune , *Fusca* , f. f 766 ; — sur les arbres.

Ponctuée , *Punctata*, f. f. 771 ; — sur le crotin de cheval

Faux Xyloma , *Xylomoides* , f. f. 772 ; — sur les feuilles de l'orme.

En Stigmate , *Stigma*, f. f. 774 ;— sur les branches d'arbre.

Numulaire , *Numularia* , f. f. 776 ; — sur les troncs.

En Disque , *Disciformis* , f. f. 777 ;—sur l'écorce du hêtre.

Massette , *Tiphyna*, f. f. 778 ; — sur le chaume des graminées.

Des Graminées, *Graminis*, f. f. 779 ; — sur les feuilles des graminées.

Du Trèfle, *Trifolii* , f. f. 779 supp. : — sur les feuilles du trèfle.

A Bec pointu, *Acuta*, f. f. 789 supp. ; — sur les tiges sèches d'ortie.

Du Fumier, *Fimeti*, f. f. 791 supp. ; — sur le crotin sec.

Hispide, *Hispida*, f. f. 797 supp. ; — sur le bois des branches de chêne mortes et dénudées d'écorce.

Graine de Pavot, *Spermoides*, f. f. 798 ; — sur le bois mort dépouillé d'écorce

Écarlate, *Coccinea*, f. f. 781 supp. ; — sur le houx.

Aplatie, *Complanata*, f. f. 805 ;—sur les feuilles du houx du Fragon.

En forme de Point, *Punctiformis*, f. f. 806 ;— sur les feuilles de chêne.

Lichenoide, *Lichenoides*, f. f. 807 ; — sur les feuilles mourantes des plantes.

Nemaspore, *Nœmaspora.*

Orangée, *Crocea*, f. f. 814 ; — sur le hêtre.

Xyloma, *Xyloma.*

Des Érables, *Acerinum*, f. f. 815 ;—sur les feuilles des érables.

A plusieurs Valves, *Multicalve*, f. f. 818 ; — sur les feuilles du houx.

Lichenoide, *Lichenoides*, f. f. 819 ; — sur les feuilles du châtaigner.

Hypoderme , *Hypoderma.*

Du Chêne , *Quercinum* , f. f. 826 ; — sur les
branches sèches du chêne.

Du Frêne , *Fraxini* , f. f. 826 supp. ; — sur le
bois mort du frêne.

Hystérie , *Hysterium.*

Naine , *Pulicare* , f. f. 828 ; — sur l'écorce des
arbres.

Opegraphe , *Opegrapha.*

Du Chêne, *Quercina*, f. f. 830 ;—sur les branches
de chêne.

Étoilée , *Radiata* , f. f. 832 ; — sur l'écorce des
arbres.

Rougeâtre, *Rubella* , f. f. 836 ;—sur l'écorce des
arbres.

Bleuâtre , *Cæsia* , f. f. 837 ; — sur l'écorce des
arbres.

Noire , *Atra* , f. f. 840 ; — sur l'écorce des arbres.

Serpentine, *Serpentina* , f. f. 843 ;—sur l'écorce
des arbres.

Poudreuse, *Pulverulenta* , f. f. 864 ; — sur les
jeunes arbres.

Verrucaire , *Verrucaria.*

De l'Épiderme, *Epidermidis*, f. f. 851 ; — sur le
bouleau.

Ponctuée , *Punctiformis* , f. f. 853 ; — sur les
  jeunes arbres.

A petits Fruits , *Microcarpa* , f. f. 858 ; — sur
  l'écorce unie des branches.

Luisante , *Nitida* , f. f. 861 ; — sur l'écorce du
  charme.

Sanguinolente , *Sanguinaria* , f. f. 863 ; — sur
  l'écorce des arbres.

Pertusaire , *Pertusaria.*

Commune , *Communis* , f. f. 873 ; — sur les
  écorces et sur les rochers.

CRYPTOGAMIE LICHENS.

Lèpre , *Lepra.*

Des Antiques , *Antiquitatis* , f. f. 875 ; — sur
  les murs.

Chlorine , *Chlorina* , f. f. 878 supp. ; — sur les
  rochers.

Jaune , *Flava* , f. f. 878 supp. ; — sur les écorces
  des arbres.

Coniocarpe , *Coniocarpon.*

Rouge , *Cinnabarinum* , f. f. 880 ; — sur le
  charme.

Variolaire, *Variolaria.*

Du Hêtre, *Faginea*, f. f. 883 ; — sur l'écorce des arbres.

Stéréocaule, *Stereocaulon.*

De Paschal, *Paschale*, f. f. 891 ; — carrières de la Conterie.

Corniculaire, *Cornicularia.*

Piquante, *Aculeata*, f. f. 893 ; — sur un mur à Orvault, Machecoul.

Usnée, *Usnea.*

Fleurie, *Florida*, f. f. 901 ; — sur l'écorce des arbres.

Orseille, *Roccella.*

Varec, *Fuciformis*, f. f. 907 ; — sur les rochers du Croisic.

Faux Varec, *Phycopsis*, f. f. 906 supp. ; — sur un mur à Piriac.

Cladonie, *Cladonia.*

Pointue, *Subulata*, f. f. 909 ; — sur la terre.

Des Rennes, *Rangiferina*, f. f. 910 ; — sur la terre.

Cornue , *Ceranoides* , f. f. 911 ; — sur la terre , dans les bois.

Scyphophore , *Scyphophorus.*

Replié , *Convolutus* , f. f. 913 ; — sur la terre.

Cochenille , *Cocciferus*, f. f. 915 ;—sur la terre.

Entonnoir , *Pixidatus* , f. f. 916 ; — sur la terre·

Cornu , *Cornutus* , f. f. 917 ; — sur la terre.

Helopode , *Helopodium.*

Délicat , *Delicatum* , f. f. 918 ; — sur le bois pourri.

Béomices , *Beomices.*

Des Landes , *Ericetorum* , f. f. 919 ; — sur la terre.

Des Rochers , *Rupestris* , f. f. 921 ; — sur la terre graveleuse.

Vert-de-Gris , *OEruginosa* , f. f. 922 ; — sur la terre.

Patellaire , *Patellaria.*

A mille Sentelles , *Myriocarpa*, f. f. 933 ;—sur le bois mort.

Distinguée , *Parasema* , f. f. 936 ; — sur l'écorce des arbres.

Des Pierres , *Petræa* , f. f. 940 ; — sur les rochers.

Brune , *Brunnea* , f. f. 946 ; — sur la terre et
sur les vieux murs.

Ferrugineuse , *Ferruginea* , f. f. 971 ; — sur
l'écorce des arbres.

Brunâtre , *Subfusca* , f. f. 984 ; — sur l'écorce
des arbres.

Anguleuse , *Angulosa* , f. f. 987 ; — sur l'écorce
des arbres.

Parelle , *Parella* , f. f. 991 ; — sur l'écorce des
arbres et sur les rochers.

Rhizocarpe , *Rhizocarpon*.

Géographique , *Geographicum* , f. f. 992 ;—sur
les rochers.

Psora , *Psora*.

Vésiculaire , *Vesicularis* , f. f. 999 ; — sur la
terre à Arthon.

Trompeuse , *Decipiens* , f. f. 1002 ;—sur la terre
à Arthon.

Urcéolaire , *Urceolaria*.

Fendillée , *Tessulata* , f. f. 1007 ; — sur les
rochers.

Graveleuse , *Scruposa* , f. f. 1008 ; — sur la
terre.

Écaillère , *Squamaria*.

De Smith , *Smithii* , f. f. 1016 ;—plaine d'Arthon ,
sur la terre.

12

Lentille, *Lentigera*, f. f. 1018 ; — sur la terre à Arthon.

Placode , *Placodium.*

Brillant, *Fulgens*, f. f. 1023 , — plaine d'Arthon , sur la terre.

Jaune, *Candelarium*, f. f. 1024 ;—sur les murs , les rochers et les arbres.

Colléma , *Collema.*

Noir , *Nigrum* , f. f. 1032 ; — sur les murs.

Grenu , *Granosum*, f. f. 1035 ; — sur la terre.

Découpé , *Lacerum* , f. f. 1041 ; — sur les mousses

A Feuilles de Jacobée, *Jacobeæfolium*, f. f. 1042 ; — sur les rochers de la côte S.ᵗ-Sébastien.

Noircissant , *Nigrescens* , f. f. 1043 ; — sur les troncs d'arbres.

Verd de Bouteille , *Furvum*, f. f. 1044 ; — sur les troncs d'arbres.

Embricaire , *Imbricaria.*

Étoilée, *Stellaris* , f. f. 1047 ; —sur les troncs d'arbres.

Barbe de Chèvre, *Aipolia* , f. f. 1048 ; — sur les troncs d'arbres.

Pulvérulente, *Pulverulenta* , f. f. 1049 ; — sur les troncs d'arbres.

Orbiculaire, *Cycloselis*, f. f. 1051 ; — sur les troncs d'arbres.

A Cheveux noirs, *Ulothrix*, f f. 1052 ; — sur les troncs d'arbres.

Brune, *Aquila*, f. f. 1053 ; — sur les rochers.

Brodée, *Retiruga*, f. f. 1054 ; — sur les troncs d'arbres.

A Feuilles de Chêne, *Quercina*, f. f. 1056 ; — sur les troncs d'arbres.

Plombée, *Plumbea*, f. f. 1058 ; — sur les troncs d'arbres.

Des Parois, *Parietina*, f. f. 1060 ; — sur les troncs d'arbres, les murs et les rochers.

Olivâtre, *Olivacea*, f. f. 1061 ; — sur les troncs d'arbres et les rochers.

Ciboire, *Acetabulum*, f. f. 1062 ; — sur l'écorce des érables, des chênes, etc.

Froncée, *Caperata*, f. f. 1063 ; — sur les arbres et les rochers.

Ponctuée, *Conspersa*, f. f. 1064 ; — sur les rochers.

Renflée, *Physodes*, f. f. 1066 ; — sur les rochers.

Physcie, *Physcia*.

Délicate, *Tenella*, f. f. 1072 ; — sur l'écorce des arbres

Ciliée, *Ciliaris*, f. f. 1073 ; — sur l'écorce des arbres.

Du Prunellier, *Prunastri*, f. f. 1075 ; — sur les
troncs d'arbres.

Farineuse, *Farinosa*, f. f. 1076 ;—sur les troncs
d'arbres.

Des Frênes, *Fraxinea*, f. f. 1078 ; — sur les
troncs d'arbres.

Nivellée, *Fastigiata*, f. f. 1079 ;—sur les troncs
d'arbres.

Aux Yeux d'or, *Crysophtalma*, f. f. 1085 ; —
sur les troncs d'arbres.

Jaunâtre, *Flavicans*, f. f 1074 supp. ; — sur
les troncs d'arbres, à la Paclaie.

Des Rocailles, *Scopulorum*, f. f. 1079 supp. ;—
sur les rochers, à St-Nazaire, au Croisic.

Glauque, *Glauca*, f. f. 1087 ; — sur les rochers
au Croisic.

Lobaire, *Lobaria*.

A Fossettes, *Scrobiculata*, f. f. 1089 ; — sur
un vieux mur dans les allées d'Orvault.

Pulmonaire, *Pulmonaria*, f. f 1090 ;—sur les
vieux chênes.

Sticta, *Sticta*.

Fuligineuse, *Fuliginosa*, f. f. 1094 ; — sur un
mur près le passage du Tertre

Des Bois, *Sylvatica*, f. f 1095 ;— à Orvault.

Peltigère , *Peltigera.*

Horizontale, *Horizontalis ,* f. f. 1098 ; — sur les
rochers à Machecoul.

Canine, *Canina ,* f. f. 1099 ; — sur la terre dans
les bois.

Renversée, *Resupinata ,* f. f. 1102 ; — sur les
rochers et sur les arbres.

Ombilïcaire , *Umbilicaria.*

A Pustules , *Pustulata ,* f. f. 1112 ; — sur les
rochers.

Gris de Souris , *Murina ,* f. f. 1115 ; — sur les
rochers.

Endocarpe , *Endocarpon.*

Fluviatile , *Fluviatile ,* f. f. 1118 ; — dans la
rivière de la Chesine aux Dervalières.

CRYPTOGAMIE CHAMPIGNONS.

Bisse , *Bissus.*

Blanc , *Candida ,* f. f. 162 ; — sur les feuilles
mortes.

Gigantesque, *Gigantea ,* f. f. 165 ; — dans une
cave.

12*

Des Caves , *Cryptarum ,* f. f. 166 ; — sur les
tonneaux dans les caves.

Orangé , *Aurantiaca ,* f. f. 168 ; — sur le bois
à demie pourri.

Doré , *Aurea ,* f. f. 169 ; — sur les murs , sur
les rochers.

Des Herbes , *Herbarum ,* f. f. 170 supp. ; — sur
les plantes herbacées.

Érinéum , *Erineum.*

Des Érables , *Acerinum ,* f. f. 185 ; — sur les
feuilles de l'érable champêtre.

De la Vigne , *Vitis ,* f. f. 186 ; — sur les feuilles
de la vigne.

De l'Aulne , *Alneum ,* f. f. 187 ; — sur les feuilles
de l'aulne.

Du Noyer , *Juglandis ,* f. f. 187 supp. ; — sur
les feuilles du Noyer.

Hélotium , *Helotium.*

Des Fumiers , *Fimetorum ,* f. f. 190 ; — dans
un bois , sur une crotte de lapin.

Pézize , *Peziza.*

Coriace , *Coriacea ,* f. f. 191 : — sur le crottin
de cheval.

Ciliée , *Ciliata ,* f. f. 200 ; — sur la fiente du
bœuf.

Des Fientes , *Stercoraria* , f. f. 204 ; — sur les fientes sèches.

Grenu , *Granulosa* , f. f. 205 ; — sur la bouze de vache.

Lactée , *Lactea* , f. f. 211 ; — sur les feuilles mortes.

Des Troncs , *Epidendra* , f. f. 223 ; — sur le bois.

Scarlatine , *Coccinea* , f. f. 224 ; — sur la terre au bord des chemins.

En Limaçon, *Cochleata* , f. f. 229 ; — sur la terre.

Noire , *Nigra* , f. f. 233 ; — sur le bois mort.

Trémelle , *Tremella.*

Glanduleuse , *Glandulosa* , f. f. 235 ; — sur le bois mort.

Déliquescente , *Deliquescens* , f. f. 238 ; — sur les bois de charpente.

Cérébrale, *Cerebrina* , f. f. 239 ; — sur les troncs humides.

Mésenthère, *Mesenteriformis* , f. f. 240 ; — sur le bois mort.

Helvelle , *Helvelia.*

En Mitre, *Mitra* , f. f. 243 ; — sous les tilleuls de la Barberie.

De Bulliard , *Bulliardi* , f. f. 246 : — forêt de Bougon , sur des feuilles mortes.

Clavaire, *Clavaria.*

En Pilon, *Pistillaris*, f. f. 248 ;—sous les tilleuls
de la Barberie.

Jaune, *Lutea*, f. f. 252 ; — sur la terre.

En Faisceaux, *Fasciculata*, f. f 253 ; — forêt
de la Bretêche, sur la terre.

Bifurquée, *Bifurca*, f. f. 254 ; — sur la terre.

En Aiguillon, *Aculeiformis*, f. f. 256 ; — sur
le bois mort.

Corail, *Coralloides*, f. f. 262 ; — sur la terre.

Langue de Serpent, *Ophioglossoides*, f. f. 265 ;
— sur la terre.

Velue, *Hirsuta ;* Encyclopédie, suppl. T. 2 ,
p. 281 ; — les marais de l'Erdre.

Auriculaire, *Thelephora.*

Trémelle, *Tremelloides*, f. f. 272 ; — sur le bois
mort.

Tannée, *Ferruginea*, f. f. 273 ; — sur les vieilles
souches.

Réfléchie, *Reflexa*, f. f. 274 ; — sur le bois
mort.

Corticale, *Corticalis*, f. f. 277 ; — sur le bois
mort

Bleue, *Cœrulea*, f. f. 279 ; — sur le bois mort.

Couleur de Chaux, *Calcea*, f. f. 276 supp. ;
sur les écorces d'arbres.

Hydne , *Hydnum.*

Membraneux, *Membranaceum ,* f. f. 286 ; — sur
le bois mort.

En Coupe, *Cyntiforme ,* f. f. 290 ; — forêt de
la Bretêche , sur la terre.

Trompeur , *Decipiens ,* f. f. 296 ; — sur les
arbres.

Hérisson , *Erinaceus ,* f. f. 282 ; — sur les vieux
chênes.

Bolet , *Boletus.*

Foie , *Hepaticus ,* f. f. 297 ; — sur les vieux
chênes.

Bigarré , *Versicolor ,* f. f. 301 ; — sur les vieilles
souches.

Uni , *Unicolor ,* f. f. 303 ; — sur le bois mort.

Subéreux , *Suberosus ,* f. f. 306 ;—sur les arbres.

Faux-Amadouvier , *Pseudo-Igniarius ,* f. f. 307 ;
— sur divers arbres.

Ongulé , *Ungulatus ,* f. f. 308 ; — sur les arbres.

Labyrinthe , *Labyrinthiformis ,* f. f. 310 ; — sur
les arbres.

Du Frêne , *Fraxinus ,* f. f. 311 ; — sur le frêne.

Touffu , *Frondosus ;* Schranck ; — au pied des
vieux chênes.

Imbriqué , *Imbricatus ,* f. f. 314 ;—sur les vieux
chênes.

De Saule, *Salicinus* , f. f. 315 ; — sur les vieux
saules.

Oblique, *Obliquatus*, f. f. 321 ;— sur les vieilles
souches.

Frangé, *Fimbriatus* , f. f. 325 ; — sur la terre.

Bronzé, *Æreus* , f. f. 329 ; — dans les bois, sur
la terre.

Comestible, *Edulis* , f. f. 330 ;— dans les bois ,
sur la terre.

A Tubes jaunes , *Chrysenteron* , f. f. 335 ; —
sur la terre.

Mérule , *Merulius*.

Veveloup, *Lycoperdiodes* , f. f. 340 ; — sur d'autres
champignons.

Chanterelle, *Cantharellus* , f. f. 341 ; — dans les
bois, sur la terre.

Corne d'Abondance , *Coruncopioides* , f. f. 346 ;
— dans les bois sur la terre.

Des Mousses , *Muscigenus* , f. f. 348 ; — sur
les mousses.

Réticulé, *Retirugus* , f. f. 349 ;— sur les mousses ,
et les petites branches d'arbres.

Agaric , *Agaricus*.

Chêne, *Quercinus* , f. f. 353 ; — sur les vieux
troncs.

Variable , *Variabilis* , f. f. 360 ; — sur le bois
mort.

Styptique, *Stypticus*, f. f. 361 ; — sur les troncs coupés.

Glanduleux , *Glandulosus*, f. f. 363 ; — dans les bois.

Inconstant , *Inconstans* , f. f. 364 ; — sur les troncs d'arbres.

A Dents de Peigne , *Pectinaceus* , f. f. 369 ; — dans les bois.

Acre , *Acris* , f. f. 373 ; — dans les bois.

Massette, *Typhoides* , f. f. 383 ;—dans les bois humides.

Pie , *Picaceus*, f. f. 386 ; — sur les fumiers.

Micacé , *Micaceus* , f.f. 390 ; — dans les bois, les prés.

En forme de Dé , *Digitaliformis* , f. f. 393 ;— dans les saules creux.

Amer , *Amarus* , f. f. 412 ; — dans les bois , au pied des arbres.

Noircissant, *Nigricans* , f. f. 413 ; — dans les bois.

Comestible, *Edulis* , f. f. 418 ; — dans les prés.

En Roue, *Rotula* , f. f 419 ; — sur les feuilles sèches.

Pied noir , *Nigripes* , f. f. 422 ;—dans les bois.

Pied menu, *Filipes* , f. f. 427 ;—dans les bois.

Clou , *Clavus* , f. f. 439 ; — sur le bois mort.

Du Panicant, *Ergugii* , f. f. 462 supp. ; — sur les racines du Panicant.

Oreillette, *Auricula*, f. f. 464 supp. ; — sur les pelouses.

Faux Mousseron, *Tortilis*, f. f. 525 ; — dans les champs

Glutineux, *Glutinosus*, f. f. 528 ;—sur la terre.

Aranéeux, *Araneosus*, f. f. 534 ; — dans les bois.

Pilule, *Piluliformis*, f. f. 543 ; — au pied des arbres.

Élevé, *Procerus*, f. f. 558 ; — dans les bois, dans les champs.

Moucheté, *Muscarius*, f. f. 561 ; — dans les bois.

Orangé, *Aurantiacus*, f. f 562 ;—à Bouguenais.

Morille, *Morchella*.

Comestible, *Esculenta*, f. f. 571 ; — chantiers Crucy, sur les bords de la Loire.

Satyre, *Phallus*.

Fétide, *Impudicus*, f. f. 575 ; — parc des Dervalières, St-Nazaire, Mindin.

Clathre, *Clathrus*.

Grillé, *Cancellatus*, f. f. 577 ; — les champs, les jardins.

Puccinie, *Puccinia*.

De la Ronce, *Rubi*, f. f. 582 ; — sur les feuilles
de la ronce.

Des Graminées, *Graminis*, f. f. 596 ; — sur les
feuilles des graminées.

Du Scirpe, *Scirpi*, f. f. 597 ; — sur les feuilles
mortes du Scirpe des lacs.

Des Carex, *Caricina*, f. f. 596 supp. ; — sur
les feuilles des Carex.

De la Bétoine, *Betonicæ*, f. f. 588 supp. ; — sur
les feuilles de la Bétoine.

Des Statices, *Limonii*, f. f. Synopsis 586 ; — sur
les feuilles du Statice limonium.

De l'Ombilic, *Umbilici* ; Botanicum Gallicum,
p. 890 ; — sur les feuilles de l'Umbilicum
Pendulum.

Uredo, *Uredo*.

Creusé, *Excavata*, f. f. 607 ; — sur les feuilles
des Euphorbes.

Du Seneçon, *Senecionis*, f. f. 620 ; — sur les
feuilles du Seneçon vulgaire.

Des Rosiers, *Rosæ*, f. f. 623 ; — sur les feuilles
des Rosiers.

Des Ronces, *Ruborum*, f. f. 629 ; — sur les
feuilles des Ronces.

Du Lin, *Lini*, f. f. 630 ; — sur le Linum Gallicum.

13

Du Salsifix, *Tragopogi*, f. f. **637** ; — sur les feuilles du Salsifix.

De la Fève, *Fabæ*, f. f. **609** supp. ; — sur la Fève commune.

Des Renouées, *Polygonorum*, f. f. **609** supp. ; sur les feuilles des Renouées.

De l'Épilobe, *Epilobii*, f. f. **610** supp. — sur les feuilles des Épilobes.

Des Violettes, *Violarum*, f. f. **610** supp. ; — sur les feuilles des Violettes.

Des Chicorées, *Chicoracearum*, f. f. **612** supp. ; sur les feuilles de la Chicorée sauvage.

Des Aulx, *Alliorum*, f. f. **623** supp. ; — sur des feuilles d'Ail.

Rouille des Céréales, *Rubigo vera*, f. f **623** supp. ; — sur des feuilles de Seigle.

Blanc, *Candida*, f. f. **636** supp. ; — sur le Thlaspi Bourse à pasteur.

Du Pourpier, *Portulacæ*, f. f. **637** supp. ; — sur les feuilles du Pourpier.

Écidium , *Æcidium.*

Des Violettes , *Violarum*, f. f. **645** ; — sur les feuilles des Violettes

Rougissant, *Rubellum*, f. f. **650** ; — sur les feuilles des Rumex.

Ramassé, *Confertum*, f. f. **659** ; — sur les feuilles de la Ficaire.

En Grillage, *Cancellatum*, f. f. 667 ; — sur les
feuilles des Poiriers.

Des Euphorbes, *Euphorbiarum*, f. f. 647 supp. ;
— sur les feuilles des Euphorbes.

Des Orchis, *Orchidearum* (Botanicum Gallicum ,
p. 906) ; — sur les feuilles des Orchis.

Du Gouet, *Ari* (Botanicum Gallicum , p. 915) ;
sur les feuilles du Gouet.

Stemonitis , *Stemonitis*

En Faisceaux, *Fasciculata* , f. f. 691 ; — sur le
bois mort.

Massette, *Tyhoides* , f. f. 692 ; — sur le bois
mort.

Réticulaire , *Reticularia.*

Jaune, *Lutea* , f. f. 701 ; — sur les tiges mortes.

Lycogale , *Lycogala.*

Argentée, *Argentea* , f. f. 707 ; — sur les troncs
pourris.

Vesse-Loup , *Lycoperdon.*

Ardoisé, *Ardosiaceum* , f. f. 708 ; — sur la terre.

Gigantesque , *Giganteum* , f. f. 712 ; — sur la
terre dans un jardin.

Protée , *Proteus* , f. f. 714 ; — sur la terre

Orangée , *Aurantiacum* , f, f. 716 ; — sur la terre.

Cuir , *Corium* , f. f. 716 additions ; — sur la terre.

Géastre , *Geastrum.*

Hygrométrique, *Hygrometricum* , f. f. 720 ; — dans les bois sur la terre.

Tulostome , *Tulostoma.*

D'Hiver , *Brumale* , f. f. 722 ; — sur les murs.

Physarum , *Physarum.*

Cendré , *Cinereum* (Botanicum Gallicum), p. 860 ; — sur les troncs coupés.

Nidulaire , *Cyathus.*

Striée , *Striatus* , f. f. 723 ; — sur le bois mort.
Lisse , *Lœvis* , f. f. 724 ; — sur le bois mort.
Vernissée , Vernicosus , f. f. 725 ; — sur la terre.

Pilobole , *Pilobolus.*

Cristallin , *Cristallinus* , f. f. 728 ; — sur les fientes des chevaux.

Érysiphé , *Erysiphe*.

Du Pois , *Pisi*, f. f. 734 ; — sur les feuilles du Pois cultivé.

Tuberculaire , *Tubercularia*.

Commune , *Vulgaris*, f. f. 738 ;—sur les écorces.

Sclérote , *Sclerotium*.

Des Bouses, *Stercorarium*, f. f. 744 ; — sous les bouses de vache sèches.

Des Peupliers, *Populneum*, f. f 746 supp. ; — sur les feuilles des peupliers.

Ergot , *Clavus*, f. f. 746 supp. ;—sur le seigle.

Des Mousses , *Muscorum* (Botanicum Gallicum , pag. 873 ; — sur les mousses au pied des arbres.

SUPPLÉMENT.

CRYPTOGAMIE.
24ᵉ Classe.

MOUSSES.

Hypnum.

Fluitans , f. f. 1355 ; — les ruisseaux.
Illecebrum , f. f. 1343 ; — sur les arbres.

Fontinalis.

Juliana , f. f. supp. 1398 ; — Vertou , le Pouliguen.

HÉPATIQUES.

Jungermannia.

Scalaris , f. f. supp. 1146 ; — bois de l'Ébaupin.
Byssacea , f. f. supp. 115 ; — le Pouliguen.

ALGUES.

Nostoch.

Lichenoides , f. f. 3 ; — sur les murs.

Ulva.

Fistulosa , f. f. 15 supp. ; — le Pouliguen.
Diaphana , f. f. 11 ; — Pornichet.
Cylindrica (Botanicum Gallicum , p. 952) ; — les ruisseaux.

Halymenia.

Brodiœi (Botanicum Gallicum , p. 942) ; — Saint-Nazaire.

Delesseria.

Sinuosa (Botanicum Gallicum , p. 946) ; — Batz.

Plocamium.

Cristatum (Botanicum Gallicum , p. 949) ; — le Pouliguen.

Lomentaria.

Tenuissima (Botanicum Gallicum , p. 950) ; — le Croisic.

Polyides.

Rotunda (Botanicum Gallicum , p. 953) ; — Saint-Nazaire.

Sporochnus.

Rhizodes (Botanicum Gallicum , p. 954) ; — Pornichet.

Cluzella.

Fetida (Botanicum Gallicum , p. 963) ; — les
ruisseaux.

Sphacelaria.

Plumosa (Botanicum Gallicum , p. 964) ; —
S.ᵗ-Nazaire.

Rhodomela.

Subfusca (Botanicum Gallicum , p. 965) ; — le
Pouliguen.

Polysiphonia.

Violacea (Botanicum Gallicum , p. 936) ; —
S.ᵗ-Nazaire.

CRYPTOGAMIE ALGUES.

Ceramium.

Linum , f. f. 112 ; — S.ᵗ-Nazaire.

Sericeum , f. f. 99 ; — Batz.

Gracile (Botanicum Gallicum , p. 967) ; —
Pornichet.

Setaceum (Botanicum Gallicum , p. 968) ; —
le Pouliguen.

Scopulorum (Botanicum Gallicum , p 970) ;
— S.ᵗ-Nazaire.

Ectocarpus.

Littoralis (Botanicum Gallicum , p. 972) ; — Pornichet.

Siliculosus (Botanicum Gallicum , p. 972 ; — Pornichet.

Zygnema.

Inflatum (Botanicum Gallicum , p. 976) ; — les fossés.

Pectinatum (Botanicum Gallicum , p. 977) ;— les ruisseaux.

Draparnaldia.

Tenuis (Botanicum Gallicum , p. 980) ; — les Fontaines.

Conferva.

Cruciata , f. f. 135 ; — les fossés.

Genuflexa , f. f. 137 ; — les fossés.

Floccosa , f. f. 140 ; — les ruisseaux.

Crystallina (Botanicum Gallicum , p. 981 ; — St-Nazaire.

Refracta (Botanicum Gallicum , p. 981 ; — le Pouliguen.

Æruginosa (Botanicum Gallicum, p. 981) ; — St-Nazaire.

Uncialis (Botanicum Gallicum , p. 981) ;— Batz.

Fracta (Botanicum Gallicum , p. 982) ; — les
   étangs.

Mucosa (Botanicum Gallicum , p. 984) ; —
   marais de l'Erdre.

Sordida (Botanicum Gallicum , p. 984) ; — les
   fossés.

Fugacissima (Botanicum Gallicum , p. 983) ; —
   les étangs.

Vaucheria.

Racemosa (Botanicum Gallicum , p. 974) ; —
   les fossés.

Bangia.

Atropurpurea (Botanicum Gallicum , p. 985) ;
   les ruisseaux.

Schizonema.

Helminthosum (Botanicum Gallicum , p. 985 ; —
   S.ᵗ-Nazaire.

Scytonema.

Comoïdes (Botanicum Gallicum , p. 986) ; —
   le Pouliguen.

Lyngbia.

Crispa (Botanicum Gallicum , p. 987) ; — la
   Turballe.

Muralis (Botanicum Gallicum , p. 987) ; — les
   murs , les arbres.

Mycoderma.

Vini (Botanicum Gallicum , p. 988) ; — sur le vin.

Fragillaria.

Striatula (Botanicum Gallicum , p. 989) ; — les fossés.

Diatoma.

Arcuatum (Botanicum Gallicum , p. 990) ; — le Pouliguen.

Anabaina.

Licheniformis (Botanicum Gallicum , p. 992) ; — sur la terre humide.

Oscillaria.

Nigrescens (Botanicum Gallicum , p. 993 ;— les ruisseaux.

Viridis (Botanicum Gallicum , p. 993) ; — les fossés.

Parietina (Botanicum Gallicum , p. 993) ; — sur les murs.

HYPOXYLONS.

Spheria.

Pezizoidea , f. f. supp. 781 ; — sur les écorces.

Opegrapha.

Macularis Faginea (Botanicum Gallicum, p. 640) ;
— sur les écorces.

LICHENS.

Peltigera.

Scutata, Variété Collina (Botanicum Gallicum ,
p. 599) ; — sur le sable au Pouliguen.

PLANTES

RÉPUTÉES INDIGÈNES,

MAIS QUI NE SONT PAS BIEN RECONNUES POUR
L'ÊTRE.

TRIANDRIE MONOGYNIE.

Safran , *Crocus.*

Printanier, *Vernus*, f. f. 2003 ; — recueilli par
M. Ladmirant dans les prés de la Chapelle-
sur-Erdre.

PENTANDRIE MONOGYNIE.

Nerprun , *Rhamnus.*

Alaterne, *Alaternus*, f. f. 4076 ; — observé par
M. Hectot sur le coteau de Miseri.

Vigne , *Vitis.*

Portevin, *Vinifera*, f. f. 4566 ; — taillis de Talva
à Machecoul.

HEXANDRIE.

Narcisse, *Narcissus.*

Des Poètes, *Poeticus*, f. f. 1979 ; — trouvé par
 M. Martinière au Tertre.

A deux Fleurs, *Biflorus*, f. f. supp. 1980 ; —
 cueilli par M. Hectot à la Denerie.

DIDYNAMIE ANGIOSPERMIE.

Scrophulaire, *Scrophularia.*

A Feuilles de Bétoine, *Betonicæfolia Persoon*,
 T. 2. p. 160 ; — île Videment.

POLYGAMIE.

Arroche, *Atriplex.*

Droite, *Erecta*, f. f. supp. 2252 ; — recueillie
 par M. Hectot sur l'île Videment.

FIN.

TABLE

DES NOMS FRANÇAIS.

TABLE

DES NOMS LATINS.

Q.

R.

S.

FIN DE LA TABLE.

ERRATA.

Page 9, *lig.* 18, au lieu de Fitiforme, *lisez* Filiforme.

				au lieu de	*lisez*
—	12	—	27	—	Cilicé,	— Ciliée.
—	13	—	5	—	Secalians,	— Secalinus.
—	13	—	28	—	1402,	— 1602.
—	14	—	6	—	1604,	— 1606.
—	20	—	2	—	Centuneulus	— Centunculus
—	35	—	7	—	3431,	— 3430.
—	38	—	21	—	Pencratium,	— Pancratium.
—	43	—	25	—	Flutea,	— Fluteau.
—	47	—	17	—	Hypopitus,	— Hypopithys.
—	52	—	14	—	Asetosella,	— Acetosella.
—	53	—	16	—	Sezame,	— Sesame.
—	57	—	14	—	Splandens,	— Splendens.
—	60	—	8	—	Capillacius,	— Capillaceus.
—	60	—	27	—	Flamula,	— Flammula.
—	62	—	20	—	Glecoma,	— Glechoma.
—	67	—	7	—	2449,	— 2649,
—	67	—	11	—	Mufflier,	— Muflier.
—	69	—	16	—	4261,	— 6241.
—	72	—	18	—	Cheranthus	— Cheiranthus.
—	74	—	1	—	Diadelphie,	— Monadelphie
					Hexandrie,	— Polyandrie.
—	79	—	24	—	Leucatha,	— Leucantha.
—	86	—	15	—	3809,	— 3089.
—	92	—	4	—	3064,	— 3054.
—	103	—	13	—	Gale,	— Galé.
—	116	—	4	—	1364,	— 1362.
—	116	—	25	—	1383,	— 1387.
—	122	—	26	—	Galidium,	— Gelidium.
					Clavritum,	— Clavatum.
—	123	—	2	—	Coronapifolius,	Coronopifolius.
—	129	—	22	—	864,	— 844.
—	132	—	20	—	Seutelles,	— Scutelles.
—	138	—	20	—	Fimetorum,	— Fimetarium
—	141	—	5	—	Cyntiforme,	— Cyatiforme.
—	142	—	14	—	Veveloup,	— Vesseloup.
—	147	—	13	—	Tyhoides,	— Typhoides.
—	151	—	14	—	115,	— 1151.